次世代郊外まちづくり

産学公民によるまちのデザイン

東京急行電鉄株式会社＋株式会社宣伝会議

■はじめに

２０１２年４月、私たち東急電鉄が横浜市と一緒に始めた取り組み「次世代郊外まちづくり」は、国内外からたくさんの注目を集めました。民間事業者である私たちですが、横浜市と包括協定を締結し、産学公民の連携で郊外住宅地における課題に挑み、新しいまちづくりに取り組んでいます。従来のデベロッパーとは異なる動きに、これまで多くの視察やヒアリング・取材のご依頼をいただきました。

従来のまちづくりでは、デベロッパーは住宅を開発分譲すると共に、居住者向けに生活利便機能としての商業施設を開発し、運営の目処がつくと、まちを立ち去るのが一般的です。

しかし私たちは、開発から半世紀以上経つ郊外住宅地において、持続可能なまちづくりを行うため、建物の整備を進めるだけでなく、住民主体の活動のサポートや、地域コミュニティの形成、産学公民の連携強化といった活動にも注力しています。これが「次世代郊外まちづくり」の大きな特徴です。

郊外住宅地が開発された当初に移り住んだ方々は、まちの歴史と共に年齢を重ねますから、そのまま放置していれば高齢化していきます。また時代の移り変わりと共に、ライフスタイルや住宅に対する意識が多様化すれば、若い世代の郊外離れも起きます。地域の人口が減少し、税収が減れば行政サービスは行き届きにくくなり、地域インフラの整備は後手に回るもの。こうした状況は、「次世代郊外まちづくり」の第1号モデル地区である、東急田園都市線たまプラーザ駅北側地区（横浜市青葉区美しが丘1・2・3丁目）に限ったことではなく、日本の郊外全体が抱える課題です。高度経済成長期に「ベッドタウン」として住機能に特化して発達してきた郊外は、多様な人生設計が可能な、多機能な場への変換が求められているのです。

なぜ私たちがこうした課題に向きあい、土地開発にとどまらない活動を行っているのか。それは、東急グループが創業当時から大切にしてきた、まちづくりに対する思いがあるからです。理想のまちを目指し、交通インフラの整備と同時に、土地所有者の方々と共に住宅地の開発を行い、さらには百貨店やスーパーマーケット、ケーブルテレビのネットワーク、ホームセキュリティ、カルチャースクールの運営など、生活サービス事業も絶え間なく行ってきました。土地の区画整理や住宅地の販売だけでは終わらないトータルなまちづくりを推進するために、できる限りその地に根を下ろし、住民の方々の暮らしをサポートしていきたいと考えています。

「次世代郊外まちづくり」がスタートした当時は、すべてが初めての取り組みで、「横浜市と協定を締結したはいいけれど一体何が始まるんだ？」、「東急は何を企んでいるんだ？」と好奇の目で見られることも多くありました。私たちも、「次世代郊外まちづくり」を進めるにあたり、こうありたいという理想はありましたが、全国を見渡しても類似する事例がなかったことから、将来像を具体的に提示することが難しく、走りながら考え、試行錯誤を続けてきました。

横浜市との包括協定の締結から5年の月日が経った2017年4月には協定を更新。さらに「次世代郊外まちづくり」の情報発信拠点である「WISE Living Lab（ワイズ リビング ラボ）」を開設し、私たちが目指すまちと住まいのコンセプトを具現化する、地域利便施設を備えた集合分譲住宅「ドレッセWISEたまプラーザ」の開発を進め、「次世代郊外まちづくり」が何を目指しているのか、より多くの方に実像として見ていただけるようになりました。

本書を通じて私たちの取り組みをお伝えすることで、郊外住宅地のまちづくりについて一石を投じるとともに、同じような課題を抱えていらっしゃる方の参考になればと考えています。包括協定の締結から5年間の活動を「次世代郊外まちづくり」の第1フェーズと捉え、第1章・第2章ではその歩みをレポートしています。第3章・第4章では、協定を更新し第2フェーズに突入した「次世代郊外まちづくり」で見えてきた課題や今後についてまとめています。なお、活動に関する記述は、客観的な視点でお伝えできるよう宣伝会議との共著としました。

「次世代郊外まちづくり」を進めるにあたっては、美しが丘1・2・3丁目の住民の方々、包括協定の締結から共に歩んできた横浜市、専門家・有識者の方々、そしてプロジェクトに一緒に取り組んできた企業の皆様と、多くの方にご協力をいただきました。この場を借りてお礼を申し上げるとともに、感謝の気持ちと、今後も共に歩んで参りたいという想いを込めて、本書をお届けしたいと思います。

東京急行電鉄株式会社

目次

第2章　「次世代郊外まちづくり」第1フェーズの取り組み　69

第1章

郊外が抱える課題と「次世代郊外まちづくり」への道すじ

●郊外住宅地の誕生

「次世代郊外まちづくり」では、東急電鉄と横浜市が締結した協定に基づき、東急田園都市線沿線の郊外住宅地において、産学公民が連携し、良好な住宅地とコミュニティの持続・再生を目指している。実際の取り組みについて触れる前に、そもそも郊外住宅地とは、どのような場所なのか、取り組みの背景となる部分について記しておきたい。

日本における郊外住宅地の開発は、高度経済成長期に盛んに行われた。産業の発展とともに、都市で働く人が増え、住宅が飽和したため、住宅事情の改善をすべく、郊外での住宅地開発が始まる。郊外住宅地には公的機関によって開発されたものや、民間事業者によるものなどがあるが、都心に流入する人口の受け皿となった点は共通している。首都圏でいえば、神奈川、千葉、埼玉を中心に郊外化が進んだ。

郊外は、都市の一部として、都市中心部へ通勤する人やその家族が居住するための住宅地域として成り立ってきた。計画的に開発された郊外住宅地は、都心へのアクセスが良く緑豊か。生活を支える商業施設や子どもたちのための教育環境が整えられ、閑静な郊外に庭付き一戸建てのマイホームを持つことは、当時の勤労世帯のあこがれであった。「ベッドタウン」という言葉が表すように、郊外住宅地は寝に帰る場所として認識され、都心で働き、郊外で暮らすという生活スタイルが定着することになる。

「次世代郊外まちづくり」の第1号モデル地区となった、東急田園都市線たまプラーザ駅北側地区（横浜市青葉区美しが丘1・2・3丁目）も、高度経済成長時代に開発された、東京の西南部の郊外住宅地である。田園都市線の建設とともに整備された「東急多摩田園都市」開発エリアに位置している。

●東急電鉄とまちづくり

東急電鉄は、鉄道の敷設と共に、沿線に住宅を一体的に開発、整備してきた企業である。単なる鉄道会社ではない。なかでも「東急多摩田園都市」と呼ばれるエリアは、民間事業者が主体となって開発されたまちとして国内最大規模を誇る。神奈川県川崎市、横浜市、東京都町田市、神奈川県大和市の4市にまたがり、田園都市線・梶が谷駅から中央林間駅の沿線地域を総称し、約60万人が暮らす。

「次世代郊外まちづくり」の舞台となる、この東急多摩田園都市は、どのような開発が行われてきた場所なのか。次世代郊外まちづくりの意義を浮き彫りにするためにも振り返っておこう。

そもそも東急電鉄による東急多摩田園都市は、イギリスのエベネザー・ハワードが提唱した「田園都市論」を参考に、日本型の理想的な住宅地として具現化していったものだ。ハワードが提唱した田園都市論は、産業革命後に環境が悪化したロンドンの都心部から離れた生活を推奨するもので、まちの中心には広場、周辺には住宅や工場、鉄道、農地などが広がり、職住近接を前提としたものだった。周囲には自然があり、住民は都市内のコミュニティの中で収入を得られるような仕組みを整える。こうした都市と田園の長所を活かしたまちづくりの思想に影響を受けたのが、「日本資本主義の父」と呼ばれる渋沢栄一氏である。

1918年、渋沢氏は、理想的な住宅地を開発する目的で、田園都市株式会社を設立。洗足や田園調布のまちづくりに着手する。当時の日本は、日露戦争、第一次世界大戦を機に、国内の商工業が発展し、東京都心へと大きな人口流入が起きていた。そこで深刻化する都心の住宅不足を解消するため、職住近接型とはいかないものの、「田園都市論」を参考にして自然豊かな東京のベッドタウンを目指したのだ。

こうして開発された洗足を中心とした郊外住宅地は、関東大震災後も被害がなく、急速に人気を集めていった。そして1928年、会社合併により田園都市株式会社の事業を引き継いだのが、東急電鉄の前身となる目黒蒲田電鉄で、東横線沿いのまちづくりを進め、ここでのノウハウは、後の東急多摩田園都市の建設に結実していく。

戦後、東京における急激な人口増加が社会問題化されるようになると、当時東急電鉄の会長であった五島慶太氏は、郊外におけるさらなる人口膨張を予測して、優良な住宅地の供給を目指す「城西南地区開発趣意書」を1953年に発表。東急多摩田園都市のまちづくりに着手することになる。

東急電鉄のまちづくりの特徴として挙げられるのが、地元の人々とともにまちづくりを進めていく、業務一括代行方式による土地区画整理事業の採用である。民間企業が単独で事業を進める宅地造成とは異なり、土地を所有する地権者と一緒に土地区画整理組合をつくってきた。東急電鉄は、組合運営上必要な資金を貸付けし、後に相当する保留地を一括して買い受ける。組合は、保留地を処分する不安がなく、大幅な時間と労力の軽減となる。それらは、鉄道用地や社有地となって、生活利便施設をつくり、まちへの投資を行ってきたのだ。

「次世代郊外まちづくり」のモデル地区であるたまプラーザ駅周辺の美しが丘を含む「元石川第一地区」は、1963年に土地区画整理組合が設立された。この地区開発では、「ラドバーン方式（歩車道分離方式）」を採用するなど、まちづくりの手本となる新しい試みが採用された。

田園都市線の建設と一体となった周辺開発が行われ、1966年に溝の口駅から長津田駅間が開通。東急電鉄は、個人に向け一戸建て住宅を中心に住宅を大量に販売するとともに、団地用地や社宅用地を企業などに売却。1987年には、当初の沿線計画人口であった40万人を超え、道路、公園などが計画的に整備された住宅地が形成されていった。

2006年3月の犬蔵地区（川崎市宮前区）の土地区画整理事業の完了によって、開発はひとつの区切りを迎えたが、東急電鉄のまちづくりは住宅地を切り開き、鉄道を敷くという土地開発のみで終わることはなかった。生活を充実させるためのサービス事業を起こし、百貨店をはじめ、スーパーマーケット、ケーブルテレビネットワーク、クレジットカード、ホームセキュリティ、カルチャースクールの運営など東急グループとして生活サービス事業を展開し、居住者の暮らしに必要なコトやモノをトータルで開発している。

●郊外住宅地が抱える課題

都心に働きに出る勤労世帯が、家族と暮らす夢のマイホームを求めて移り住んだ郊外住宅地は、日本の経済発展の象徴ともいえる。だが、開発から年月が経ち、住民のライフスタイルが大きく変化したことで今、さまざまな課題に直面している。

1 高齢者の増加

日本は、世界中のどの国も経験したことがない超高齢社会を迎えているが、その波は首都圏の郊外住宅地にも及ぶ。

内閣府が発表した「都道府県別高齢化率の推移」（平成29年版高齢社会白書）によると、65歳以上人口が総人口に占める割合を指す高齢化率は、今後すべての都道府県で上昇する。２０４０年には、最も高い秋田県で43・８％となり、最も低い沖縄県ですら30・３％に達すると見込まれている。首都圏においても高齢化が加速すると予測され、千葉県の高齢化率は、２０１５年の25・9％から10・6ポイント上昇し、２０４０年には36・5％。神奈川県では23・9％から11・1ポイント上昇し、35・０％になると推測されている。

高度経済成長期に大量に移り住んできた住民が、退職を迎え、昼間も住宅地で過ごす時間が増えれば、郊外も新たな局面を迎えることになる。高齢者人口の増加により、病院のベッドや医者、介護施設や介護サービスの不足が見込まれるとともに、高齢者が暮らしやすい住まいへの対応は喫緊の課題だ。

2 若い世代の減少

郊外が良好な住環境として持続していくには、未来を担う若い世代の流入が欠かせない。だが日本が直面しているのは少子化である。

第１次ベビーブーム期（１９４７〜１９４９年）には約２７０万人だった日本の年間出生数は、２０１６年、約97万７０００人と１００万人を下回った。１人の女性が生涯に産むことが見込まれる子どもの数を示す合計特殊出生率は、第１次ベビーブーム期に４・３を超えていたものの、以降急速に低下し、２００５年には１・２６と過去最低を記録、２０１６年は１・４４となった。都道府県別では東京が最も低く、首都圏のうち神奈川、千葉、埼玉は全国平均以下である（厚生労働省 人口動態統計より)。

こうした人口減少に加えて見逃せないのが、若い世代が住まいを構えるときに、郊外ではなく都心を選択する志向だ。都心回帰の背景にあるのは、バブル崩壊後の都心の地価低下のほか、共働き世帯の増加、住環境に対する価値観の変化など、複数の要因が絡み合う。

平成29年版厚生労働白書によれば、90年代に専業主婦世帯数と共働き世帯数が逆転し、2016年の専業主婦世帯が664万世帯、共働き世帯が1129万世帯となっている。若い世代が子育てして働くならば、職場から住居への移動距離は近いほうが便利である。そこで家賃が高くて部屋が狭くなったとしても、勤務先に近い都心で暮らすことを選択する人たちが出てきた。

また、収入が大幅に増えるなど経済面での好転が見込めない時代になったことで、住宅を無理に購入せず、マイホームにこだわらない風潮もある。買って住むイメージの強い郊外住宅地は、若い世代にとってはハードルが高い選択肢になっていると言えよう。

1960年代から1980年代にかけ、首都圏内の郊外人口は急速に伸びた。だが今の若い世代が家族を形成し住まい探しをするとき、かつてのように郊外に移り住むのか。就学や就労を機に都心に流入した後、子ども時代を過ごした郊外に帰ってくるのか。若年世代を惹きつける郊外の価値、魅力をいかに創出するかが問われている。

3 希薄なコミュニティ

伝統的な地縁・血縁とは異なる動機で、郊外に移り住んできた核家族が主流の住民は、マイホームや良好な住環境、子どもたちの教育環境には高い関心を示しても、近所づきあいや自治会の活動などに参加することを積極的には望まず、地域への関心や愛着が低い傾向にあると言われている。

だが防災においては、地域の連携が非常に重要だ。特に2011年の東日本大震災以降、地域の絆やコミュニティの重要性が問われるようになった。有事に声を掛け合い、近所同士が助け合うには、日常的に顔を合わせていなければ難しいだろう。

「次世代郊外まちづくり」のモデル地区で実施したアンケート調査（2012年7月）を見ると、地域のつながりは「とても必要だと思う」「どちらかというと必要だと思う」と答えた人の割合が9割を超えているのに対し、地域のつながりがあるかという問いには、「どちらかといえば感じる」「とても感じる」と答えた人は約半数だ。必要だと思いながらも、コミュニティが確立されているとはいいがたい状況が見てとれる。

都心へ通勤・通学する人は、昼間に郊外にいる時間がそもそも少なく、地域とのつながりが希薄化しやすい。子どもがいる世帯は、学校の行事などを通じて周囲の住民と交流する機会が見つかりやすいものの、単身世帯など、家族のあり方も一様ではなくなっている。

そうした郊外で暮らす多様な人々にとって参画しやすい住民交流のきっかけや場が求められている。さらには、地域に自分の役割や居場所を感じた人たちが、まちづくりの担い手として活躍していくことにも期待がかかる。

4 産・公・民の三すくみ

高齢化、人口減少、コミュニティの希薄化といった郊外住宅地が抱える課題に対し、自治体や民間企業、住民が何もしてこなかったわけではない。まちを管理する立場にある自治体は、住民から税金を収受して行政サービスを行い、民間事業者は事業やサービスを提供し、住民は自治会やＮＰＯといった地域活動を通じ、暮らしやすい地域の実現を目指してきた。

ただし自治体は、個人の財産にまで口を出せず、財政が厳しくなると、地域インフラの維持が精いっぱいで拡充まで手が回らない状況にある。デベロッパーは、一定期間はアフターサービスを行うが、開発後は次なる利益を得るためにその地区から去ってしまう。住民は、個人資産の管理には興味があるが、道路や公園といったまちの共有部に関しては無関心な人が多く、一部の自治会やボランティアに依存しやすい。つまりデベロッパー（産）・自治体（公）・地域住民（民）の各者の役割には限界があり、単独で活動を行っても効果的な打開策を打ち出しづらい状況が生まれている。こうした「産・公・民の三すくみ」の状況が郊外住宅地をとりまく課題の根本にある。三者が連携、

■郊外住宅地が抱える基本的問題

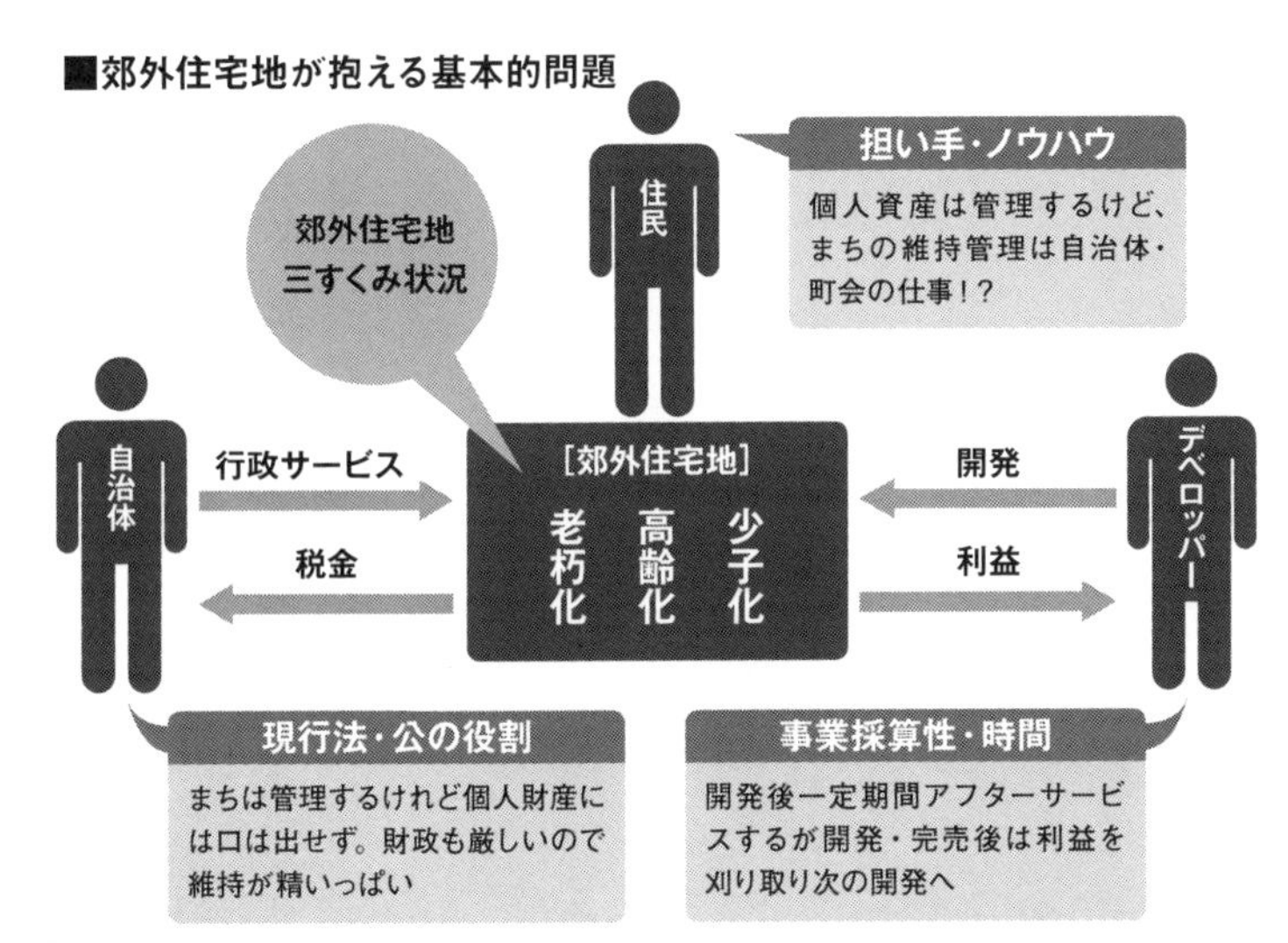

「次世代郊外まちづくり基本構想2013」より

協働していくことが必要不可欠となっている。

居住者が経年とともに高齢化し、若年世代の流入減が進めば、建物は老朽化し、空き家や空き地が増加していく。老朽化した建物は、住民のニーズに応じた建て替えやリノベーションが望まれるが、そこには郊外ならではの壁が立ちはだかる。

郊外住宅地に多い持ち家は、私有財産であり、建て替えは個人で行われる。そのため資産の流動性は低いのが現状だ。住宅地の中には、個人が所有する土地、企業や行政が持つ土地が混在するものの、持続可能な郊外住宅地を目指し、まち全体のあり方を変えていくには、所有者との合意形成を円滑にし、まちの将来を共に考えていくことが欠かせない。三すくみの状況を打開し、住民や行政は民間事業者と連携し、地域課題を解決するビジネスを創出したり、民間事業者は地域や社会の課題解決を事業に結び付けたりと、多様な主体が連携していくことが求められている。

さらに郊外の象徴ともいえる戸建て住宅地は、都市計画によって住居専用として用途を制限し良好な「住環境」を維持してきた。第一種低層住居専用地域では、福祉介護施設や学校の建築は可能だが、一定規模以上のカフェやレストラン、コンビニエンスストアなどは出店が難しい。そのため歩いて暮らせる範囲内に日用品の買い物をしたり、お茶を飲んで交流したりする場は作りにくい。例えば買い物や移動が困難な高齢者にとってみれば、この状況は暮らしにくさにつながってしまう。多世代が暮らしやすい機能を充実させるためには、従来の都市計画の枠組みの見直しが重要なテーマとなっている。

ここまで見てきたように、郊外住宅地の課題は広範囲に及ぶが、産学公民が連携・共創することで、郊外住宅地に新たな価値を生み出していこうと挑んだのが、「次世代郊外まちづくり」なのである。

●横浜市との連携が始動

約60年にわたり、東急多摩田園都市でのまちづくりに携わってきた東急電鉄にとって、郊外住宅地で顕在化している課題は見過ごせないものだった。「次世代郊外まちづくり」を立ち上げた当時の担当者はこう振り返る。

「開発を終えたら手を引くというまちづくりのあり方は、いずれ限界が来ます。鉄道を走らせてその周りで生活サービスも展開している当社は、開発したエリアで長期的な再投資ビジョンを描けなければ行き詰まるでしょう。継続的にまちづくりに携わることが、次なるビジネスチャンスになるかもしれない、と感じていました。ただその方法については、これまでの経験では確固たる解答はなく、まずはトライアルを始めなければならない、という意識を持っていました」

郊外住宅地を持続可能にしていくために、どのような仕組みをつくっていくべきなのか。模索していた2011年のある日、当時の横浜市建築局長でその後横浜市副市長を務めた鈴木伸哉氏から「横浜市と一緒に取り組まないか」と呼びかけがあった。

郊外住宅地の未来に危機感を抱いていたのは、横浜市も例外ではなかった。総人口は政令指定都市の中で最も多く、華やかな観光スポットは豊富にあるものの、人口減少や高齢化、住宅や交通インフラの老朽化や、公共サービスの維持といった課題を抱えていた。

幅広い視点で横浜市が抱える課題を解決していくためには、行政の力だけでは立ち行かないことから、横浜市を走る私鉄各社や地域密着のデベロッパーと連携したまちづくりを進めたいという考えがあったのだ。ここから「次世代郊外まちづくり」へとつながる横浜市と東急電鉄の連携が始まった。

●郊外住宅地とコミュニティのあり方研究会

多くの自治体が抱えている郊外住宅地の課題に、真正面から向き合うには、行政だけ、デベロッパーだけで動くのではなく、産学公民の連携を図っていかざるを得ない。そうした想いから連携をとるようになった東急電鉄と横浜市がまず行ったことは、勉強会を開催してお互いの信頼関係を培うことだった。

この勉強会は、横浜市と東急電鉄の協定締結から遡ること1年前の2011年6月にスタートし、「郊外住宅地とコミュニティのあり方研究会」と名付けられた。

郊外住宅地の現状や課題、解決策について語り合うこの勉強会には、横浜市の関係部署のトップだけでなく、担当者レベルも参加。また、まちづくりの研究者など第三者に同席してもらい、自分たちが目指すまちづくりとは何なのか、議論を行うスタイルにした。フラットな視点を持った第三者の存在は潤滑油となり、自由に意見が交わされた。

また研究会では、さまざまな立場の人を集めディスカッションする場も設けている。「郊外住宅地とコミュニティのあり方」を大テーマに、1日目は参加者が自分の住んでいる地域を紹介し合うことからスタートし、２０１１年東日本大震災で被災地となった気仙沼での取り組みや、成功している空き地・空き家対策、海外での事例などをゲストに聞きながら、郊外に暮らす上での課題や問題点の洗い出しを行い、２日目にその課題や問題点をどのように解決していけばいいのかを話し合った。

集まったのは、建築家や都市整備などまちづくりの専門家、医療や福祉といった形で地域活動にかかわる人23人、横浜市の職員16人、ファシリテーター６人、そして東急電鉄の社員８人。仕事内容も専門分野も立場もバラバラの参加者53人が、２日間（２０１１年11月30日・12月８日）にわたって議論を重ねた。こうした異例の取り組みが実現したことで、「産学公民によるまちづくり」の方向性を見出すことになる。

このディスカッションとほぼ同時期に、国の新成長戦略として位置付けられた「環境未来都市」構想において、横浜市が環境未来都市として選定された。１年間かけて進めてきた「郊外住宅地とコミュニティのあり方研究会」や、東急電鉄が沿線でこれまで取り組んできたまちづくりに対する姿勢と実績などが重なり、横浜市は、東急電鉄と進める郊外住宅地での取り組みを、環境未来都市における「持続可能な住宅地モデルプロジェクト」として位置付けている。

●協定を締結

東急電鉄と横浜市が、郊外住宅地に対して抱いていた危機感を共有し、勉強会を重ねていく中で、「次世代郊外まちづくり」の契機となる日がやって来た。２０１２年４月、東急電鉄と横浜市による「次世代郊外まちづくりの推進に関する協定」が締結されたのだ。郊外住宅地における住民の高齢化や建物の老朽化などに起因する交通、医療、介護、暮らし、住まい、コミュニティ、就労、生きがいなどの分野におけるさまざまな課題を共有し、人口減少、高齢化を迎える郊外部のまちづくりを共同で推進し、次世代へ引き継ぐ郊外の価値を再創造することを目的とした協定だ。

これに基づき、民間企業である東急電鉄と地方自治体である横浜市がイコールパートナーとして連携することが発表され、「次世代郊外まちづくり」はスタートする。

本来まちづくりというステージでは、行政は許認可権者で、企業は開発事業者と立ち位置が違う。それでもイコールパートナーとして包括協定が実現できた背景には、郊外住宅地で顕在化する課題に背を向けていられないという危機感があったからと言えよう。

「次世代郊外まちづくり」の推進に関する協定締結の記者会見では、横浜市の林文子市長と東急電鉄の野本弘文社長（当時、現会長）が固く握手を交わし、１年後には次世代郊外まちづくりの基本構想をまとめて発表することになった。しかし、「次世代郊外まちづくり」を推進していく東急電鉄の担当者（以下担当者）にとっては、基本構想を発表するまで、「あと１年ある」というよりも、「たった1年しかない」という思いのほうが強かったという。

「次世代郊外まちづくり」の推進に関する協定締結を発表する横浜市の林文子市長と東急電鉄の野本弘文社長（当時、現会長）

●モデル地区の選出

協定の締結から2カ月後、「次世代郊外まちづくり」のモデル地区を、横浜市青葉区美しが丘1・2・3丁目にすることが発表された。横浜市内には郊外住宅地が多い中で、なぜ美しが丘1・2・3丁目が選ばれたのか。その選定理由は3つある。

1つ目は、田園都市線の沿線で初期に開発された地区のひとつで、開発から約50年が経過し、住民の高齢化、建物の老朽化などの課題が顕在化しつつあることだ。

青葉区全体の高齢化率を見ると2017年9月のデータで20・6%と横浜市の平均より低く、人口は今後も増加する見込みだが、2035年までに、高齢化率は30%を超えると予測され、若い世代の人口も減少傾向にあり、目の前の課題への対策に追われるのではなく、10年20年先といった未来を見据えた検討ができるまちであることがわかる。

美しが丘1・2・3丁目の合計人口における高齢化率は2017年9月で19・4%だが、細かく見ていくと、3丁目は高齢者が多く同29・9%、2丁目は11・4%まで下がり、若い世代や子育て世代が多く暮らしており、エリアによって特徴がある。

選定理由の2つ目は、モデル地区が戸建て住宅地、大規模団地、社宅や商業施設など、多様な要素から成り立っていて、さまざまな課題を解決していく取り組みが期待できることだ。

1丁目には古くからの集合住宅があり、築40年以上の建物の割合が高い。2丁目は築10年前後の比較的新しい建物が増加しており、3丁目は戸建て住宅が集まり築40年以上経った建物と築浅建物が混在している。

世帯も建物も新旧入り交じり、典型的な郊外の縮図のようなこの場所で、解決策が見いだせれば同様の課題を抱く他の郊外住宅地においても大きな実りとなるはずだ。

■モデル地区

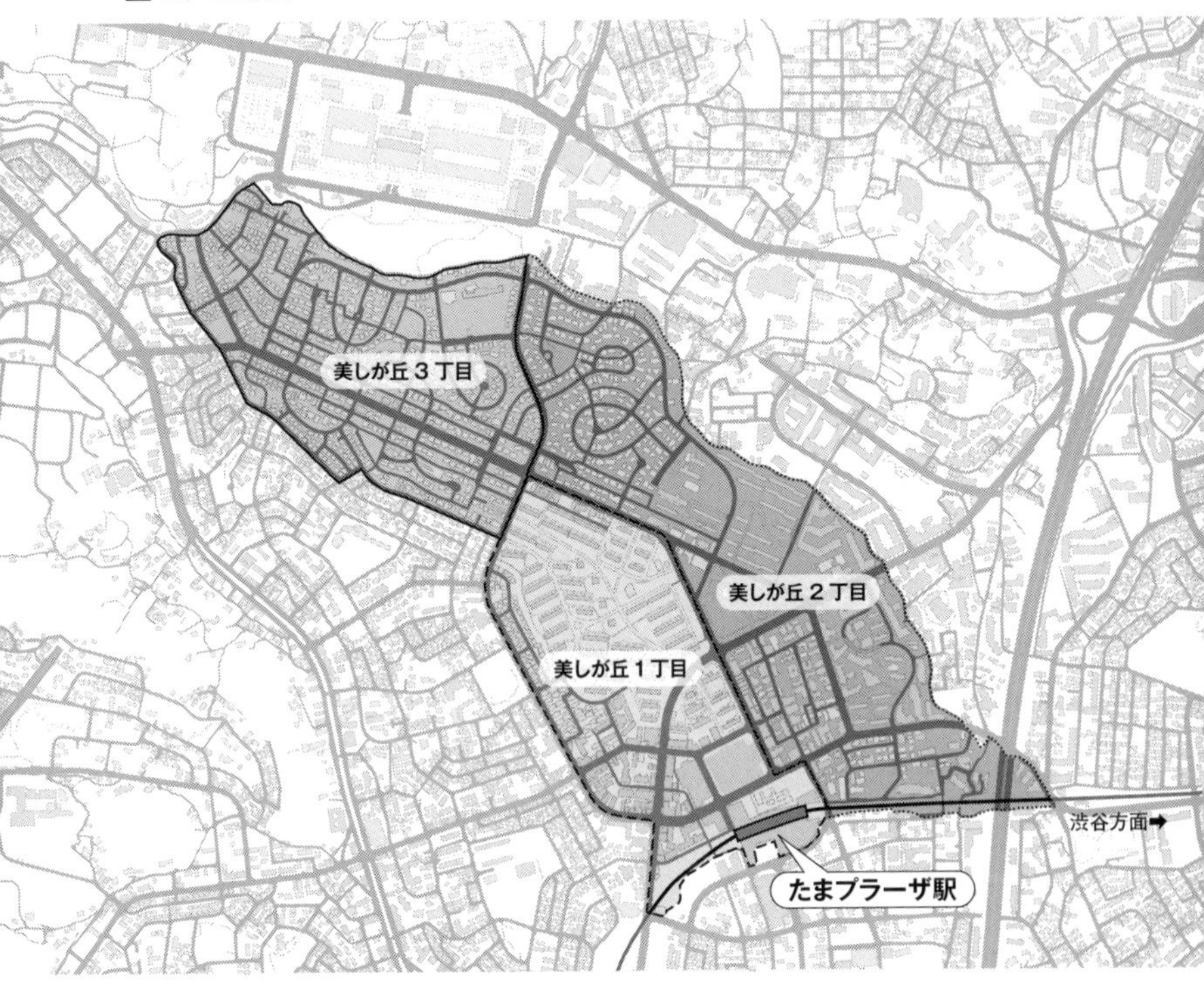

	世帯	人口	65歳以上
美しが丘1丁目	2,298	4,656人	25.3%
美しが丘2丁目	2,843	7,169人	11.4%
美しが丘3丁目	1,189	2,869人	29.9%

横浜市統計ポータルサイト 2017.9現在

地図協力：ジェイ・マップ

そして3つ目は、住民がまちへの愛着を持ち、環境や景観への意識が高いこと。また、住民発意の建築協定や地区計画の策定といった先進的なまちづくりや、さまざまな分野での住民活動が盛んな基盤があることだ。

美しが丘1・2・3丁目は、美しが丘中部地区と呼ばれ、1972年全国初といわれる住民発意による建築協定を発足させた場所である。整備された街並みを維持するため、建物施行時の配慮事項を自主的に守る「街並みガイドライン」が、自治会内に組織した青葉美しが丘中部地区計画街づくりアセス委員会によってまとめられている。

また自治会やPTAの活動で定期的に清掃活動や防災訓練が行われるなど、地域活動が根付いているのも特徴だ。毎年3月から4月にかけて開催される「たまプラーザ 桜まつり」と、7月に開催される「たまプラーザ 夏祭り」は、メインイベントの開催日ともなれば1日3万人程度の人が集まる。

美しが丘の開発当時に移り住んだ代からみて孫の世代が、進学や就職で1度はこの地を離れるものの、結婚などを機に戻ってくるという話も聞く。まちに対する愛着があり、自治会組織でさまざまな活動を行っているこの地区の住民は、「次世代郊外まちづくり」を推進する担当者にとっても、心強い存在であるという。

■東急線沿線地域

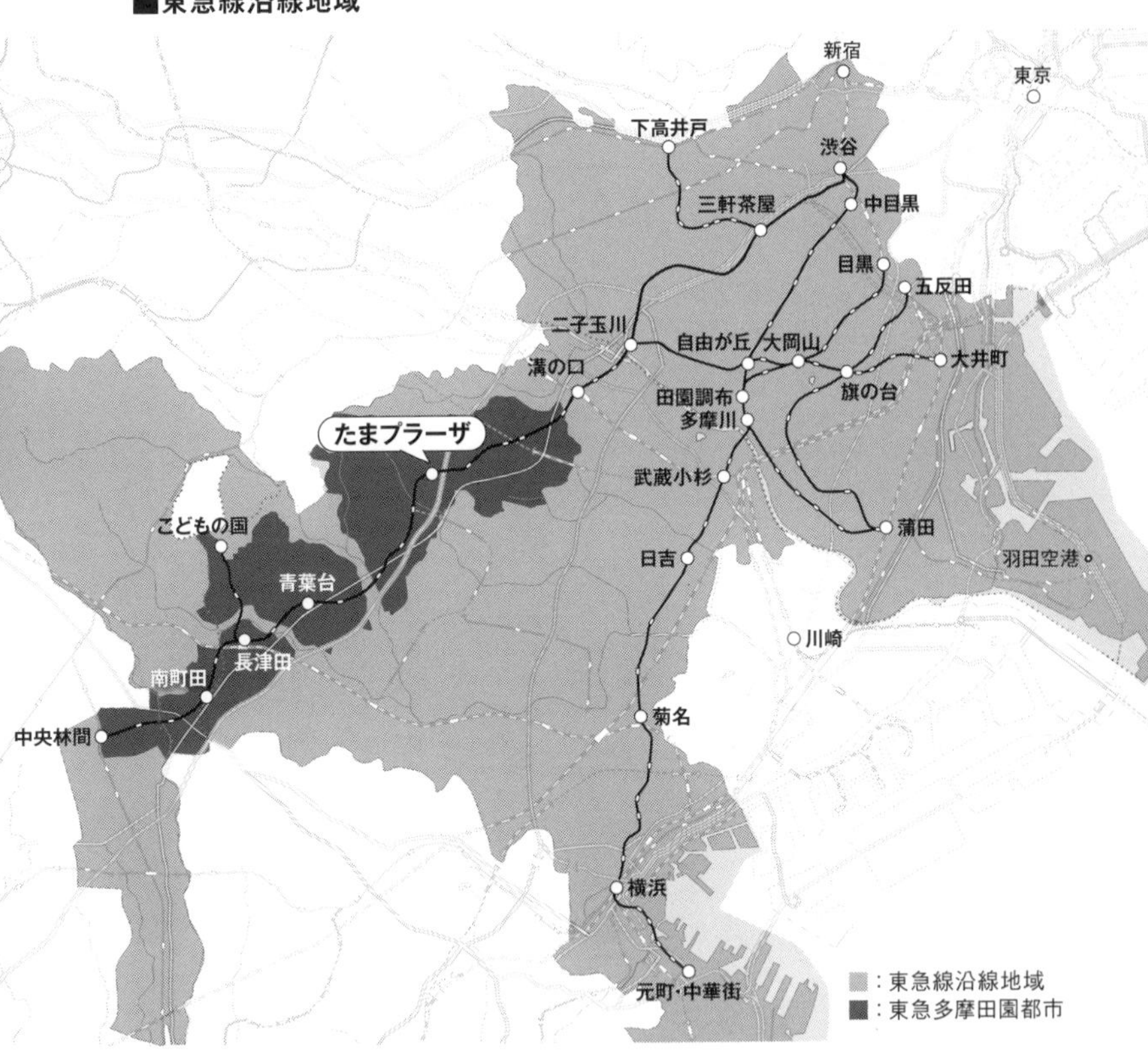

たまプラーザ駅は、東急田園都市線・渋谷駅から急行で約20分で到着
地図協力：ジェイ・マップ

美しが丘の住宅街
photo by Shinkenchiku-sha

たまプラーザ駅
提供：東急電鉄

美しが丘1・2・3丁目の最寄り駅である田園都市線「たまプラーザ」駅の開業は、1966年。この地が舞台となったドラマに、1983年にTBS系列で放送された『金曜日の妻たちへ』がある。おしゃれで洗練された暮らしぶりはドラマの魅力であった。放送がきっかけとなり、田園都市線沿線の郊外住宅地への人気が高まったといわれている。

渋谷駅からは急行で約20分という距離にあるが、目立ったアミューズメントスポットや、歴史ある神社仏閣があるわけでもない。もともと田畑の連なる田園地帯で、駅の開業に伴って急速に開発された郊外住宅地である。2016年度の駅の利用者を見ると、半数以上にあたる約4万3000人が定期券を利用しており、都心へ通勤・通学する人たちが多く居住しているのがわかる。

電車を降り改札階に進むと、目に飛び込んでくるのは、3フロア吹き抜けの広い空間と、駅直結の商業施設「たまプラーザテラス」に入る華やかな店舗。改札から北口に向かえば、飲食店や雑貨店などに囲まれた広場が見える。平日の昼間はのんびりとした雰囲気だが、休日ともなると噴水のある広場「フェスティバルコート」などでイベントが開催され、多くの家族連れでにぎわう。

たまプラーザテラスから道を挟んで目の前は東急百貨店。歩車分離で安心して歩けるように整備された東急百貨店横の道を数分歩けば一気に住宅地らしくなる。住民の集いの場になっている緑豊かな美しが丘公園や道路を挟んで左手に広がる美しが丘1丁目に立つのは、たまプラーザ団地だ。分譲が始まったのは1968年で全1254戸。当時最先端だった鉄筋コンクリート造の建物が規則正しく並んでいる。

美しが丘公園の東側に広がる美しが丘2丁目は、もともと企業の社宅が並ぶエリアだった。そして、1丁目と2丁目の奥に広がる3丁目は、戸建てが集まる住宅地だ。通りを挟んで、集合住宅と戸建てが、計画的に配されているのは、田園都市構想によるものだ。地元自治会の日々の努力もあるからこそだが、道路脇の植木も整備され、ごみのちらかりや壁面への落書きといったすさんだ印象を与えるものは見られない。2、3丁目周辺には大きな邸宅も目立つ。自動車が通り抜けできないサークル状になった道路も見られ、静かな住環境が保たれている。

モデル地区に居住する全世帯を対象にしたアンケート調査（2012年7月）によれば、たまプラーザに「満足」「どちらかといえば満足」していると答えた人は9割にのぼり、定住意向は強い。家族形態は夫のみ就職している家庭が最も多く約3割、共働きが2・5割。夫婦ともに就業していない家庭が2割近かった。

美しが丘の住宅地には、老朽化という課題はあるものの生活利便性を高める施設はすでに揃っている。次世代郊外まちづくりで求められているのは、住民が日々の営みを送るまちを、無理なく持続させていくためのコミュニティやインフラをつくっていくこと。すでにあるものを壊して再生するのではなく、未来を見据え、現状ある価値を最大限に活かしつなぎ合わせ、新しい風を入れ、成熟したまちを再構築し、時代に即した次のステージへと進めていくことだった。

そのため美しが丘1・2・3丁目を舞台とした次世代郊外まちづくりのアプローチは、おのずと従来のデベロッパーのビジネスモデルとは異なるものになっていった。商業施設や集合住宅の開発を行い、短期的に収益を上げていくといった土地開発からのスタートではない。「既存のまち」を持続可能にするために、住民、行政、大学、民間事業者が連携した活動を行い、同じ思いや方向性を持つことを先決させた。

●キックオフフォーラムの開催

協定の締結から3カ月後の2012年7月、東急電鉄と横浜市が最初に行ったのは、「次世代郊外まちづくりキックオフフォーラム～Re郊外：発想の転換と市民の行動で郊外は魅力的に生まれ変わる！」である。

会場となった、たまプラーザテラス・プラーザホールbyiTSCOMには、200名近い住民が集まり「横浜市と東急電鉄が一体何を始めるんだ？」という空気がホールに充満していた。

キックオフフォーラムは、二人の専門家の基調講演からスタートした。

まずは、東京大学工学部都市工学科の大方潤一郎教授による講演「次世代郊外の魅力：コミュニティ・リビングの夢」。続いて東京理科大学理工学部建築学科の伊藤香織准教授（当時、現教授）の講演「まちを楽しむ・伝える・もっと好きになる！」を行った。東京大学の大方教授からは、「コミュニティ・リビング（歩いて移動可能な生活圏にまちの機能をネットワーク化し、郊外住宅地の暮らしを支える考え方）」、東京理科大学の伊藤教授からは「シビックプライド（都市に対する市民の誇り）」と、「次世代郊外まちづくり」の活動を推進する上での大事なキーワードが出てきた。これから郊外が、どのように変わっていけばいいのかを考えるためのヒントがその他にもたくさん投げかけられた。

そして後半は、まちづくりディスカッション。「Re郊外：何を目指し、どう行動するのか」をテーマに、たまプラーザ連合商店会中央商店街副会長の松本茂氏、青葉区美しが丘地区民生委員で主任児童委員の関哉子氏、大方教授、伊藤教授、そして横浜市、東急電鉄も参加し、「高齢化について」と、「若者の参加について」という2つのテーマで話し合った。

パネラーに、まちづくりの専門家だけでなく、まちづくりに積極的にかかわっている住民も加わったのは、キックオフフォーラムを、単に専門家の意見を聞くための場にするのではなく、これからの美しが丘を担う住民に参加してほしいという思いがあったからだった。

キックオフフォーラムでは、参加者全員に付箋を渡し、自分たちが暮らすまちについて考えていること、課題だと思っていること、キックオフフォーラムに参加して考えたアイデアを書いてもらった。これが功を奏し「誰に話すわけではないけれど、日頃から課題に思っていたこと、どうにかしたいと思っていたことを話せて良かった」という意見が多く寄せられている。キックオフフォーラムは、住民による「まちの気がかり＝課題」を再確認する貴重な場となったのはもちろんのこと、まちのことを自分ごととして捉える前向きな人材がたくさんいると分かったことも大きな収穫となった。

キックオフフォーラムの次に行われたのが、モデル地区内の全世帯に向けたアンケート調査だ。このアンケート調査は、住民意識の深掘りという目的だけで行ったわけではない。これから1年後の基本構想発表に向けて横浜市そして住民と連携し、「次世代郊外まちづくり」を進めていくという意思表示でもあった。アンケート項目は60項目と分量は多く、行政と共同で行ったアンケートなので、民間企業が行うアンケートのように謝礼もない。そんなアンケートに時間をかけて約１３００世帯の住民たちが応えた。何かアクションを起こすと、必ずリアクションが返ってくるのは、この地域にシビックプライドが息づいている証であろう。

●まちづくりワークショップ・たまプラ大学の実施

キックオフフォーラムから３カ月後の２０１２年10月には、第１回まちづくりワークショップを

200名近い住民が参加したキックオフフォーラム

開催。半年の間に全5回とスピーディに行われ、毎回100名近い人々が参加した。

ワークショップでは住民自身がまちの今を見つめ、将来の課題に気づき、具体的な解決策を考えるというプロセスを踏んでいった。住民の声を次世代郊外まちづくりの基本構想に活かしていくこと、地域の課題の解決や新たな価値創造にかかわる活動主体の形成を促すこともワークショップの目的であった。

ファシリテーターを務めた石塚計画デザイン事務所の石塚雅明氏はこう話す。

「ワークショップのようによくデザインされた話し合いには、参加者の合意の形成にとどまらない力があると感じています。特に、地域の住民が100人、200人と参加する大規模なワークショップにおいては、いわゆる地域リーダーのような立場の人以外も多く参加します。そういう場だからこそ地域課題の解決につながる潜在的な力が引き出され、新しい取り組みが生まれることがあるんです。日頃あまり接点がなかった人同士が課題を共有し、つながることで、それぞれの持ち味が掛け合わされ新しい地域力が生まれたり、行政内部の横連携を促し、政策力を高めたりといった力を発揮することもあるのです」

ワークショップの第1回のテーマは「まちに出て〝美しが丘〟の今を知ろう」。ライフスタイルや経験が異なる住民同士が、相手の立場を理解し認めながら、まちの課題に気づいていくために、同じ場所を歩くという共通体験の場を設けた。

第2回は「将来の課題を把握して未来の物語を描こう」と題し、まち歩きで得られた課題をもとに、解決に向けたアイデアを話し合った。意見が抽象的になるのを避けるため、「物語づくりワークショップ」という手法をとっている。これはまちの10年後をイメージしながら、架空の主人公が10年後にまちで抱える課題と、その解決策を考えて発表するというもの。このワークショップを通じて、高齢化による孤立や、退職後の第2の人生設計、居住者の交代などが描かれた12の物語が誕生している。これら物語は、イラスト入りの冊子にまとめ、後日配布された。

第3回では、まちづくりに関連する大きなテーマ「豊かさ」「暮らし」「住まい」「土台」「仕組み」に分けて、まちを魅力的にするための施策を具体的に落とし込んでいった。

第4回の「アイデアから重要なテーマを絞り込もう」では、重点プロジェクトを抽出し、「市民、企業、行政のコラボレーションを具体的に考えよう」と題した第5回では、実現に向けて住民として何ができるのか、取り組みを持続させていくにはどのような仕組みが必要かについても話しあった。課題解決に向けたコミュニティ・ビジネス（地域が抱える課題を、地域資源を活かしながら行うビジネス）のアイデアなど具体的な策が論じられている。

ワークショップは、住民参加型のアウトプットの場という位置付けであったが、住民だけでなく東急電鉄も横浜市も同席している。これは住民と行政と企業の協働の素地を生み出すという狙いがあった。「グループ編成も計画的に行いました。発言内容などから、何に関心があるのか、どのようなネットワークがあるのか、など個々の参加者のプロファイリングをし、構想実現に向けて主体的に取り組む気持ちがうかがえる参加者を意識的に配置するようにしました」と石塚計画デザイン事務所の石塚氏は振り返る。最終回のワークショップでは、グループごとに重点プロジェクトの発表を行うと同時に、実現に必要な人材の参加呼びかけも行い、参加者全員に、このプロジェクトにかかわりたいという想いを表明してもらった。

参加者からは「互いに顔は知っていても、まちに対してどのような思いを抱いているかまでは語る機会がなかった」「様子見のつもりで参加したが、今までとは違うことが起きそうな気になってきた」という声が聞かれ、この取り組みが、次世代郊外まちづくりのリーディング・プロジェクトとなる「住民創発プロジェクト」の誕生につながっていく。

日ごろの課題意識や考えをアウトプットすることが中心となるワークショップと並行して、まちづくりの専門家を講師に招き、さまざまな先進事例をインプットするための場として、全8回にわたる講演会「たまプラ大学」も開催された。テーマは、保育やスマートコミュニティ、地域医療といったインフラ整備において重要な分野を取り上げ、住民たちの課題意識を刺激している。

こうした次世代郊外まちづくりの一連の取り組みは、「次世代郊外まちづくり通信」を不定期に発行し、毎回モデル地区内の全住戸に配布することで状況を報告した。またイベントなどを開催すれば、公式サイトで報告記事をアップする。目に見えない部分が多いまちづくりだけに、可視化すること、常にオープンな情報提供を心掛けることを徹底していった。

美しが丘1・2・3丁目にお住まい・お勤めの皆さまへ

2013年1月発行 vol.3

編集・発行
横浜市・東京急行電鉄株式会社
[連絡先]横浜市建築局企画課
☎045-671-3628

次世代郊外まちづくり通信は、「次世代郊外まちづくり」のさまざまな活動をお知らせし、地域の皆さまをはじめとして多くの方々に知ってもらうためのニュースです。

【特集】

●次世代郊外まちづくりワークショップ

―これまでの検討内容をご紹介します―

「次世代郊外まちづくりワークショップ」は、地域の皆さまと横浜市、東急電鉄が、「次世代郊外まちづくり」のビジョンを一緒につくっていく取組です。2012年12月8日(土)に第3回のワークショップを開催し、全5回のプログラムの折り返し地点に到達しました。

次世代郊外まちづくり通信vol.2では、モデル地区アンケートの概要をお知らせいたしました。vol.3では、第1回～第3回までの検討内容をご紹介いたします。

また、2013年1月18日(金)、19日(土)には、たまプラーザ テラスにて、検討内容を展示し、地域の皆さまからご意見やアイディアをいただく「オープンワークショップ」も開催いたしますので、ぜひ足をお運びください(詳しくはp8をご覧下さい)。

次世代郊外まちづくりキックオフフォーラム 2012年7月14日(土)

200名近い地域の皆さまにご参加いただき、講師お二人によるまちづくりトークや、地域の方も参加したパネル・ディスカッションを行いました。

次世代郊外まちづくりワークショップ(全5回)

第1回 まちに出て"美しが丘"の今を知ろう 2012年10月6日(土)

前半は各コースに分かれて自分たちが住むまちを再発見するまち歩きを行い、後半は実際にまちを歩いてみて感じたことをディスカッションしました。地形に高低差があるので高齢者の交通サポートが大切、空き家・空き室を活用したい、コミュニティの拠点がほしいなどアイディアの提案もありました。

第2回 将来の課題を把握して未来の物語を描こう 2012年10月21日(日)

前半は、このまま10年後を迎えるとどうなるのかをイメージしながら、将来の気がかりな点や可能性を考えました。

後半は、グループ毎に理想の将来像をイメージして、まちの新たな魅力を創造していく「未来を語る12の物語」をつくりました。皆さまが気がかりに思うことをどのように解決していくのかという道筋や、まちの将来像を考えました。

第3回 まちが魅力的になるアイディアを出そう 2012年12月8日(土)

第3回は、まちを魅力的にするために大切なテーマを選択し、様々な分野から実現のためのアイディアを横断的に出し合いました。

まち歩きをきっかけにまちづくり活動の入口をつくるアイディア、多世代が集まり交流するたまり場づくりのアイディアなど、たくさんの魅力的なアイディアが出されました。

第3回から参加される方も多く、最多のご参加をいただきました。

次世代郊外まちづくり通信

次ページからは、全5回のまちづくりワークショップと全8回のまちづくり講座、たまプラ大学の概要を紹介する。

第1回　まちに出て〝美しが丘〟の今を知ろう

参加者：85人　開催：2012年10月

目的：まち歩きによる、まちのいいところや課題の体感・発見
内容：10グループが各コースにわかれてまちを歩いた後に、感じたことをディスカッションする。

参加者には、「子育て」や「高齢化」といった、興味ある事柄が描かれたイラストのバッジを選んでもらった。

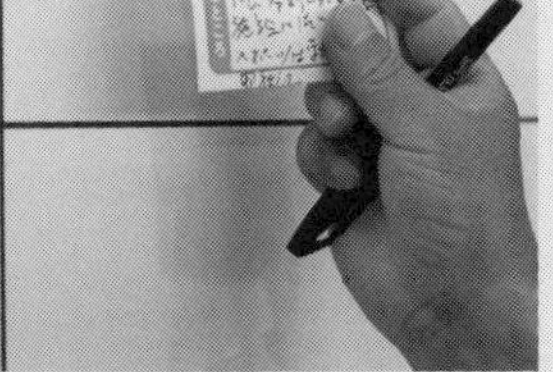

ワークショップの趣旨を説明した後は、グループに分かれてまちあるきを実施。配布した「発見カード」には、「良いところ」「気がかりなところ」「こんなことができると良い」などを書き入れてもらい、意見を出し合った。

第2回　将来の課題を把握して未来の物語を描こう

参加者：99人　開催：2012年10月

目的：まちの現状、課題の把握と解決策の検討
内容：第1回のまとめと、人口などまちのデータを紹介した後にグループワーク。現状のまま10年後を迎えるとまちはどうなっているのかを考えディスカッションした。

前回のワークショップで見つけた発見を、「豊かさ」、「暮らし」、「住まい」、「土台」、「仕組み」の5つのカテゴリーにわけて、情報交換や意見整理を行った。

5つのカテゴリーの中で課題を抱えた、たまプラーザに暮らす架空の人物を設定し、その人物が抱える悩みや課題をどう解決すればいいのかを、具体的に考えていく「物語ワークショップ」では、登場人物を設定することで、よりリアルな想像が膨らんだ。

第 3 回　まちが魅力的になるアイデアを出そう

参加者：97 人　開催：2012 年 12 月

目的：まちを魅力的にするための具体的施策の検討

内容：第 2 回にまとめた架空の登場人物の物語を 12 個にわけてイラスト化した冊子「みらいを語る 12 の物語」を配布。未来の物語を実現するための具体策を突き詰めて考えた。その後、各グループで発表。

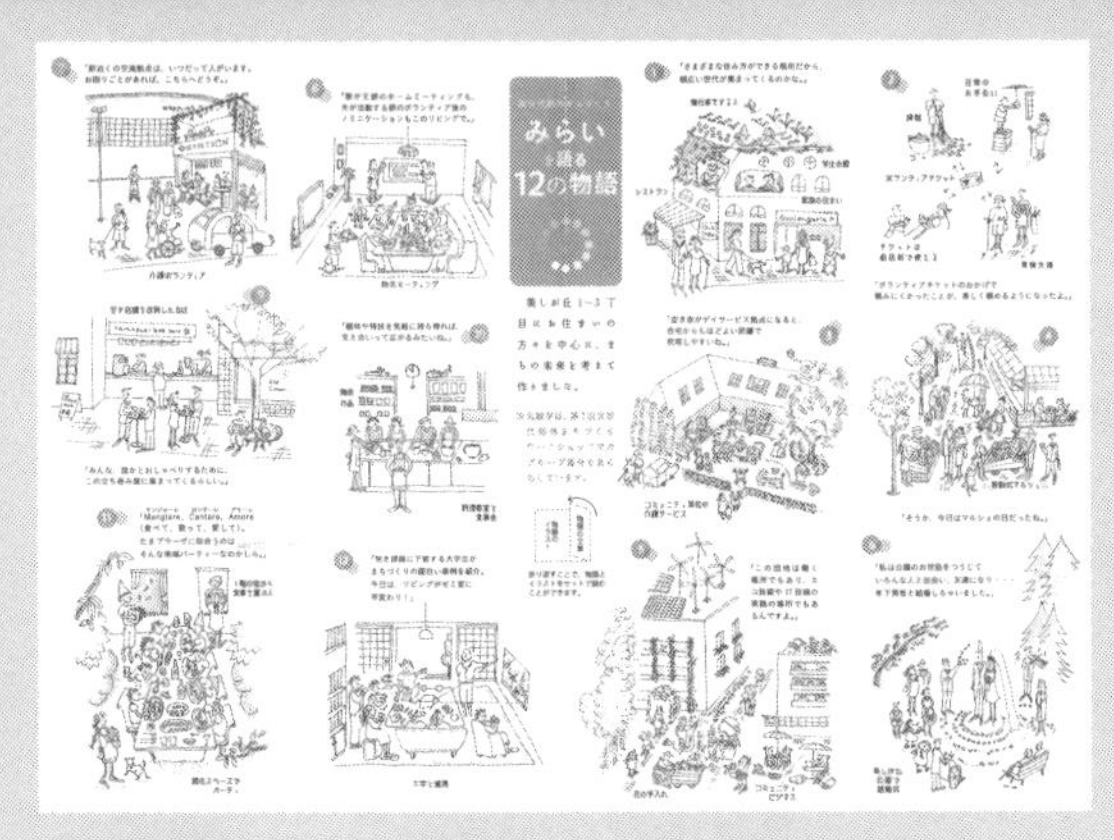

前回の議論をイラスト化して配布した。

考えたことを付箋にどんどん書き出していきながら、テーマや課題別に整理していくうちに考えがブラッシュアップされていく。

第4回　アイデアから重要なテーマを絞り込もう

参加者：80人　開催：2013年2月

目的：まちの課題解決の優先順位の決定と解決策の具体化
内容：優先すべきまちの課題をピックアップし、これまでのワークショップで出たアイデアをベースにグループディスカッション。

「今あるものを活用すること」。そして「これまでの仕組みや既成概念にとらわれない仕組みづくり」を念頭に置きながら自由に議論。専門家だけで議論していては出てこない、斬新なアイデアが飛び出した。また、マスコミに注目され、取材が入ることもあった。

第5回　住民、企業、行政のコラボレーションを具体的に考えよう

参加者：95人　開催：2013年3月

目的：前回議論した解決策に関する「ヒト、モノ、お金、制度」について実践を視野に入れた具体的なアイデアをまとめる

内容：アイデアをまとめて各グループで発表し、東京大学大学院の小泉秀樹准教授（当時、現教授）による総括。

産学公民とそれぞれ立場が違っても〝自分ごと〟として、たまプラーザのまちづくりを考え、一緒に課題に取り組んだ。

ワークショップで出てきたアイデアや意見の一部は、次世代郊外まちづくり基本構想へ取り入れた。

たまプラ大学

第1回　幻燈会（げんとうかい）こんなまちに住みたいナ ～まちの縁側物語～

開催：2012年11月

講師：延藤安弘　愛知産業大学大学院教授、NPO法人まちの縁側育くみ隊代表理事（当時）

イタリア・ボローニャのソーシャル・センターでの取り組みを事例として紹介。屋根のある通路「ポルティコ」の活用法を日本の縁側文化になぞらえ、延藤氏の取り組みや縁側文化を利用したまちおこしについて解説があった。

たまプラ大学

第2回　まちの保育園 ～地域コミュニティの現場から～

開催：2012年11月

講師：松本理寿輝　まちの保育園代表

練馬区で地域密着型の保育園を開いた松本氏が、子どもたちを取り巻く児童保育の問題や、地域住民がまちぐるみで子育てをすることの大切さを伝えた。子どもの安全を確保するために、誰でも入ることができるオープンなカフェスペース「まちのパーラー」と、顔を確認した人のみが入室できる保育室を分けるなど、「まちの保育園」が実践するさまざまな工夫も惜しみなく紹介された。

たまプラ大学

第3回　生活者視点のスマートコミュニティって？

開催：2013年1月

講師：久川桃子　日経BP社ecomom（エコマム）プロデューサー（当時、現NewsPicks ブランドデザインチーフプロデューサー）

テーマは久川氏がプロデューサーを務めた冊子「ecomom」でも注目のスマートコミュニティという考え方。スマートコミュニティへの取り組みは行政や企業が主体としてかかわっているため、どうしても産業振興の要素が強くなりすぎてしまうという課題と向き合い、実際にスマートコミュニティで暮らす生活者との距離を近づけていくために何をすればいいのかについて語られた。

たまプラ大学

第4回　生活を支える地域医療　～超高齢社会のまちづくり～

開催：2013年1月

講師：辻哲夫　東京大学高齢社会総合研究機構特任教授

超高齢社会が進む日本において注目されているのが地域医療。高齢者がたとえ体力的な衰えがあっても、いかに自立して幸せに生きることができるかに重点を置くために、地域包括ケアの充実が重要。その一方で生活インフラだけでなく、住民同士が声をかけあえる関係性を築くことも大切だと説き、高齢者にとって本当に幸せなことは何かを模索する講演会となった。

たまプラ大学

第5回　新しい街づくりのか・た・ちを考える
～厳しい地球環境制約の中で描きたい心豊かな暮らし～

開催：2013年2月

講師：石田秀輝　東北大学大学院環境科学研究科教授（当時、現東北大学名誉教授）、工学博士

これからのまちづくりは、心豊かに暮らすことを大切にしながら、人間活動の肥大化をいかに停止・縮小できるかということを考えていかなければいけない時代＝脱近代化の時代になったと解説。持続可能な社会をつくるために必要な新しいものづくりの考え方であり、石田氏が提唱するネイチャー・テクノロジーをたまプラーザにどう活かすのかを共に考えた。

たまプラ大学

第6回　つながりを創りながら暮らす
～仕組みをもった住まい方コレクティブハウジング～

開催：2013年2月

講師：宮前眞理子　NPO法人コレクティブハウジング社共同代表理事（当時、現副代表理事）

既成の家族概念や住宅概念に囚われず、個々の自由やプライバシーを尊重しながらも、生活の一部を共同化するスウェーデン発のライフスタイル「コレクティブハウジング」。宮前氏は、少子化・高齢化に向けて、日本でもその必要性を感じた経緯と、コレクティブハウジングのメリットやデメリット、日本でも増加したシェアハウスとの違いなどを解説。参考事例として、「スガモフラット」（東京都豊島区）などが紹介された。

第7回　住民主体のまち育て ～日本型HOA（住宅所有者の組合）のすすめ～

開催：2013年2月

講師：齊藤広子　明海大学不動産学部教授（当時、現横浜市立大学国際総合科学部教授）、日本型HOA推進協議会代表

HOAは「Home Owners Association」の略で、自分のまちの「魅力」を所有・管理する住宅所有者の組合のことを指し、アメリカでは8分の1の人がHOA制度のある住宅に住んでいるとされるが、日本ではなじみが薄い。そこで日本に合う形に変えながら実践を試みている齊藤氏が、日本の事例を紹介しながら、行政や企業に頼らず、住民が主体的にまちづくりに参画するにはどうしたらいいのか、そのヒントを語った。

第8回　まちを使って何をしましょう？ ～この街じゃないとできないよね、といわれるイベントとは～

開催：2013年3月

講師：松田朋春　ワコールアートセンター チーフプランナー（当時、現シニアプランナー、グッドアイデア株式会社取締役社長）

アート系イベントの仕掛人である松田氏が、これまで手掛けてきたイベントを「プロモーション・イベント」、「テーマ型イベント」、「地域型イベント」などタイプ別に紹介した後に、イベントを通じてまちの個性を育てるにはどうしたらいいのか。そして松田氏が実際に考えた、たまプラーザならどんなイベントができるのかをプレゼンテーションしながら、まちづくりにおけるイベントの活用法を模索した。

●住民参加の社会実験

ワークショップなどの住民との協働による取り組みと同時に、専門家による知見を活かし、住民参加による社会実験も行われている。電動型の超小型モビリティをつかったプロジェクトもそのひとつだ。超高齢化した郊外では、電車やバスという公共交通だけでは生活が成り立たない。特に山や坂が多い横浜市では、高齢者の移動は課題であり、移動できなければ買い物難民になりやすく孤立してしまうことが多い。超小型モビリティのニーズは日に日に高まっており、実用化できれば郊外住宅地の生活はより快適なものになると見られている。

２０１３年2月、国土交通省の主催で、日産自動車および次世代郊外まちづくりを進める横浜市、東急電鉄の協力による、「超小型モビリティ これからのモビリティ社会を先行体験」の発表会がたまプラーザテラスの駅前広場で開催された。住民からモニターを募集し、発表会から2週間、電動型の超小型モビリティを生活の中で使ってもらった。小回りが利くコンパクトな形状の車が住宅地を走ることで、まちのイノベーションを実感することができ、次世代郊外まちづくりが目指す、コンパクトなまちづくりを内外に知らしめる良い機会ともなった。

２０１３年3月に開催したタウンミーティングでは、6名の市民モニターが実際にどのように使用し、どんな感想を持ったかを発表したほか、参加者の質問や意見を付箋に書いてもらい、それをホワイトボードに貼りつけて、小さな意見もすべて可視化するよう試みた。

こうした社会実験を通じて、次世代郊外まちづくりで目指す未来の考え方に住民が触れる機会を作り出した。

「超小型モビリティ　これからのモビリティ社会を先行体験」発表会

●基本構想の策定

協定の締結から1年経った2013年6月、「次世代郊外まちづくり基本構想2013〜東急田園都市線沿線モデル地区におけるまちづくりビジョン」が発表された。横浜市と東急電鉄による研究会や、まちづくりワークショップを中心としたモデル地区での取り組み、各種検討部会での検討成果を東急電鉄と横浜市が主体となってとりまとめたものである。

産学公民が連携して、良好な住宅地とコミュニティの持続・再生を目指す「次世代郊外まちづくり」を推進するための方針や、取り組み事項が記載されている。

この基本構想を発表するまでに、何度も話し合いが重ねられてきた。郊外住宅地を再構築する中で、東急電鉄らしいまちづくりとは何なのか、そして良好なコミュニティを持続させていくまちづくりをどう表現したらいいのかを考え続けてきたという。

未来の理想的なまちづくりを象徴する「スマート・シティ」という言葉がある。ITや環境技術といった先端技術を駆使してまち全体の電力の有効利用を図ったり、再生可能エネルギーを効率的に利用するためにスマートグリッド（HEMSなどの通信・制御機能を活用した電力網）や、電気自動車などを活用した交通システムの整備を行うことで、なるべく自然環境に負荷をかけないエコな都市システムを促進していくことだ。しかし本当の意味で、スマート・シティという取り組みが最善なのだろうかという議論があった。「スマート・シティ」という言葉には、コンパクトでエコなまちづくりのために、あらゆることを技術で制御するという印象が拭えないからだ。本来まちづくりは「人やコミュニティが中心」であるべきである。だとするならば、「スマート・シティ」という言葉は最適ではない。「スマート・シティ」ではなく、東急電鉄らしいまちづくりを象徴する言葉はないだろうか。熟考を重ねた中で生まれたのが「次世代郊外まちづくり」が描く将来像「WISE CITY（ワイズシティ）」という考えだ。WISEとは「Wellness・Walkable&Working／多世代が充実したライフスタイルを実現し、生き生きと健康的に暮らせるまち」「Intelligence&ICT／生活サービスや住民の参画・活躍を、最先端情報技術で支えるまち」「Smart・Sustainable&Safety／生活サービスの総合的な連携と持続可能性を図り、世代が循環していくまち」「Ecology・Energy&Economy／環境負荷の低減と地域経済の循環を図り、環境エネルギー、経済の観点から再構築されたまち」の頭文字を並べた造語だ。このWISE＝賢者のまちづくりは、次世代郊外まちづくりの中で核となるテーマとなっていく。

基本構想では、WISE CITYを実現していくための5つの取り組み姿勢が示されている。

■WISE CITY－目指すまちの将来像

Wellness・Walkable & Working
多世代が充実した
ライフスタイルを実現し、
生き生きと健康的に暮らせるまち

Intelligence & ICT
生活サービスや住民の
参画・活躍を、
最先端情報技術で支えるまち

WISE CITY
ワイズシティ

Smart・Sustainable & Safety
生活サービスの総合的な連携と
持続可能性を図り、
世代が循環していくまち

Ecology・Energy & Economy
環境負荷の低減と地域経済の
循環を図り、環境エネルギー、
経済の観点から再構築されたまち

「次世代郊外まちづくり基本構想2013」より

1つ目が、多世代がお互いに助け合うまち。高齢化が進む郊外では、会社生活を終えた世代がまちに帰ってくる。子どもが独立した夫婦世帯や独居世帯も増え、少しずつ元気ではなくなっていく。そうした中で、近所に目を配れる関係を築くこと、まちの中で活躍できる機会をつくることが、まちの活性化につながっていく。WISE CITYでは、多世代が助け合うことのできるコミュニティづくりを目指していく。

2つ目が、多様性の実現。住むことに特化してきた郊外に、職や文化、楽しさ、賑わい、遊びなどを導入していくこと、新しい住民を迎え入れていくことで、まちの多様性を目指す。

3つ目が、地域住民・行政・民間事業者による新しい連携と役割分担の姿。多岐にわたる郊外の課題を人的資源・財政面で限界のある行政サービスだけに頼っていくのではなく、住民の参画、民間事業者の活力やビジネスを導入し、相互に協働するまちづくりによって解決していくことを目指す。

4つ目が、分野横断の一体的解決と規制の見直し。老朽化した建物の建て替えや、都市計画、施設整備といった従来型のまちづくりだけでなく、医療、介護、保育、コミュニティ、教育、環境、エネルギー、交通・移動、防災、生きがい、就労、まちづくりの仕組みなど暮らしに必要な活動も行い、現行制度の見直しも視野に入れながら、郊外が抱える課題を一体的に解決することを目指す。

5つ目が、コミュニティ・リビング・モデル。「コミュニティ・リビング」とは、キックオフフォーラムで登壇した東京大学の大方教授らが提唱するコンセプトで、歩いて暮らせる適度な生活圏の中で、買い物、福祉、医療、子育て、コミュニティ活動など、暮らしに必要なまちの機能をネットワーク化しながら、空き家や空き地、土地利用転換の機会などを活用して柔軟に配することでコンパクトにまとめ、まちを支えていくことを指す。

　このコミュニティ・リビングは、ＷＩＳＥ　ＣＩＴＹを目指し、次世代郊外まちづくりを推進していくうえでの、暮らしと住まいのコンセプトとして掲げている。

■コミュニティ・リビング

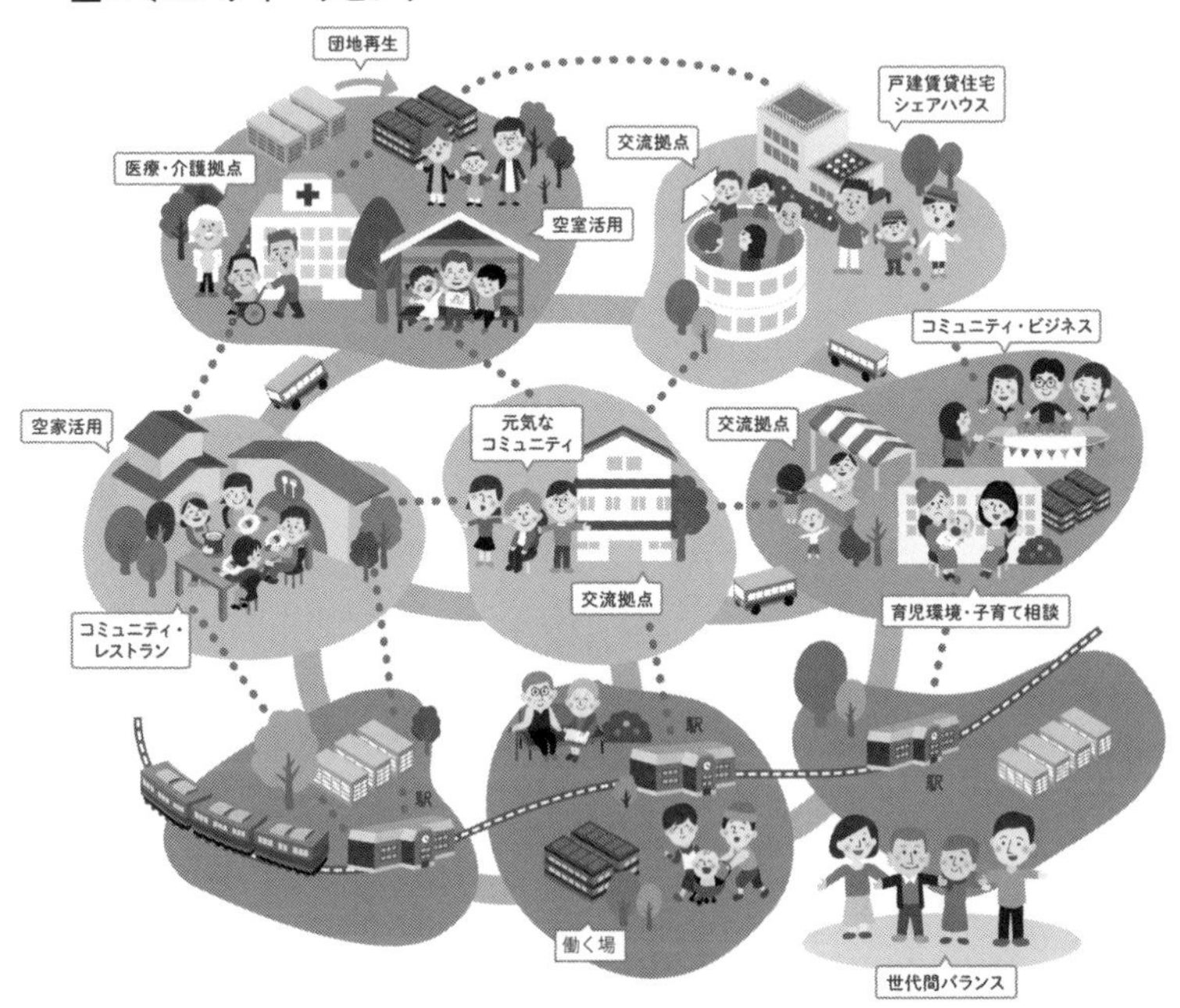

「次世代郊外まちづくり基本構想2013」より

さらに基本構想では、「豊かさ」「暮らし」「住まい」「土台」「仕組み」という5つの視点による基本方針と取り組みを示し、重点施策を絞り込んでいる。

ここでいう「豊かさ」とは、自分たちが暮らすまちでの生活を満喫し、地域やコミュニティのかかわりの中で満足感や幸福感を感じることができる精神的な豊かさを指す。小さくても地域の経済をまわすコミュニティ・ビジネスなど、地域での楽しみが増えれば、まちの活性化や持続性につながるという考えからだ。「人が活躍するまち」の実現による豊かさが基本方針の最初に据えられた。

「暮らし」では、保育・子育て、医療・介護、交通・移動といった、幅広い世代に必要な生活インフラを整備していくことを掲げている。

「住まい」では、大規模団地や企業社宅の再生や、戸建て住宅地の再構築を挙げた。建物の老朽化や空き家の増加が進んでいく郊外住宅地において、街並みやコミュニティを維持しながら持続可能な住宅地を実現していくことは、次世代郊外まちづくりの大きなテーマになっている。

「土台」では生活者中心のスマートコミュニティ（環境負荷を抑え、生活の質を高めながら継続して成長を続ける都市構想）を、情報通信技術を活用しながら実現していく方針を示した。

最後の「仕組み」では、上記の4つを推進するための原動力となる、コミュニティを持続させる仕組みづくりに取り組んでいくことが示された。

示した取り組みの領域は幅広いため、基本構想では方針に沿ったリーディング・プロジェクトを設け、モデル地区において具体的に何をすればよいのかを示している。次章からは、産学公民が連携しながら郊外住宅地の課題に対して、住民参加型・課題解決型で取り組んだ、このリーディング・プロジェクトの歩みを紹介する。

■5つの基本方針と郊外住宅地の持続と再生に向けた10の取り組み

1.豊かさ　「人が活躍するまち」を実現する

① 多世代が支えあう元気で豊かなコミュニティを創出する

② 地域の経済モデルを創出する

2.暮らし　多世代・多様な人々が暮らし続けられる「暮らしのインフラ・ネットワーク」を再構築する

③ まちぐるみの保育・子育てネットワークを実現する

④ 在宅医療を軸とした医療・介護連携の地域包括ケアシステム「あおばモデル」を実現する

⑤ 新しい地域の移動のあり方を提示していく

⑥ 既存のまちの公的資源を有効活用する

3.住まい　住まいと住宅地を再生、再構築していく ～多様な住まい方が選べるまち～

⑦ 既存のまちの再生の仕組みを創出する～大規模団地や企業社宅などの再生～

⑧ 戸建て住宅地の持続の仕組みと暮らしの機能を創出する

4.土台　生活者中心のスマートコミュニティを実現する

⑨「環境」「エネルギー」「情報プラットフォーム」を構築していく

5.仕組み　まちづくりを支える持続可能な仕組みを創っていく

⑩ 担い手となる組織を創り出し、まちづくりの主体としていく

「次世代郊外まちづくり基本構想2013」より抜粋

■「次世代郊外まちづくり」基本構想策定の過程

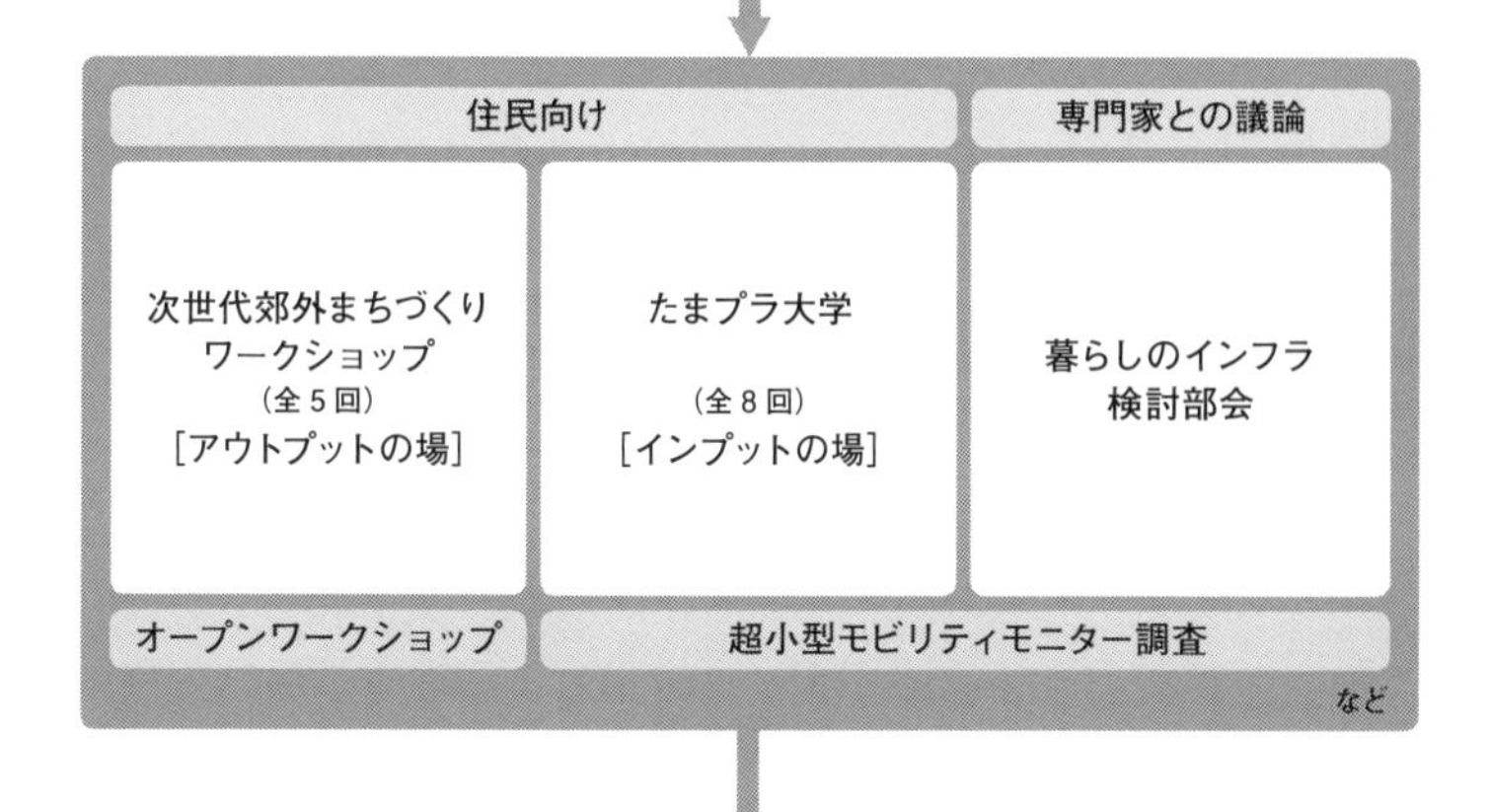

第2章

「次世代郊外まちづくり」第1フェーズの取り組み

東急電鉄と横浜市が包括協定を締結し、「次世代郊外まちづくり基本構想」を策定した経緯について第1章で述べたが、この基本構想に基づき、年度ごとに「リーディング・プロジェクト」を実行している。また並行して、専門家と協働した、住民の生活の基盤を支えるインフラを検討する部会を推進している。本章では、次世代郊外まちづくりの第1フェーズとなる2013～2016年に、どのような取り組みが行われたのかについて見ていきたい。

■リーディング・プロジェクトの変遷

2013年度

1	住民創発プロジェクト ―シビックプライド・プロジェクト―
2	住民の活動を支える仕組みと場づくり
3	家庭の節電プロジェクトとエコ診断
4	まちぐるみの保育・子育てネットワークづくり
5	地域包括ケアシステム「あおばモデル」パイロット・プロジェクト
6	暮らしと住まいのグランドデザイン（素案）の策定
7	「コミュニティ・リビング」モデル・プロジェクト ―企業社宅などの土地利用転換時における土地利用誘導―
8	「次世代郊外まちづくり」建築性能推奨スペック策定 ―建物や施設に求められる性能や機能、建築推奨指針づくり―

2014年度

1	住民創発プロジェクト ―シビックプライド・プロジェクト―
2	地域のエネルギーマネジメントに向けた仕組みづくり
3	まちぐるみの保育・子育てネットワークづくり
4	地域包括ケアシステム「あおばモデル」パイロット・プロジェクト
5	「コミュニティ・リビング」モデル・プロジェクト ―企業社宅などの土地利用転換時における土地利用誘導―
6	新たな地域移動モデルパイロット・プロジェクト
7	公的資源の新たな活用の仕組みづくり

2015年度

1	地域のエリアマネジメントに向けた仕組みづくり
2	地域のエネルギーマネジメントに向けた仕組みづくり
3	まちぐるみの保育・子育てネットワークづくり
4	地域包括ケアシステム「あおばモデル」パイロット・プロジェクト
5	住宅団地・社宅等の再生と商店街と連携したまちの賑わいづくり —「コミュニティ・リビング」モデル・プロジェクトの実現—
6	公的資源の新たな活用の仕組みづくり —健康・移動・教育・防災等の推進—

2016年度

1	地域のエリアマネジメント・エネルギーマネジメントに向けた仕組みづくり
2	まちぐるみの保育・子育てネットワークづくり
3	快適で健康な生活を支えるまちの仕組みづくり
4	「コミュニティ・リビング」モデル・プロジェクトの推進 —社宅・住宅団地等の再生とコミュニティ拠点の実現— および 商店街と連携したまちの賑わいづくり
5	次世代のまちづくりを担う人材育成の推進

●住民創発プロジェクト

2013年度のリーディング・プロジェクトのトップに掲げられている「住民創発プロジェクト—シビック・プライド・プロジェクト—」は、産学公民が連携する「次世代郊外まちづくり」第1フェーズを象徴する取り組みだ。

住民や地域団体から、基本構想の方針に沿い、幅広い世代が支え合うコミュニティの一助となる企画を募集。住民主体の活動を拡大、自走していくための仕組みを整える支援を行い、シビックプライドを醸成していくというものだ。応募された企画に対しては、有識者をはじめとする専門家も交えて講評を行い、支援するプロジェクトを認定。住民と民間企業とのマッチングや支援金の交付も行った。

基本構想で掲げていた基本方針「人が活躍するまち」を実現し、多世代が暮らしやすいコミュニティを築いていくには、まず住民自身が自分のまちに愛着を感じ、誇りを持ち、まちづくりの主役となって行動を起こすことが重要となる。住民創発プロジェクトで目指したのは、「まちを魅力的にしていくのは住民自身の行動や活動である」という意識を育み、シビックプライドを高めることだった。

基本構想の策定段階から協力していた東京大学大学院の小泉秀樹教授から「ワークショップで話し合われたことを、住民主体の活動へと落とし込んで、エネルギーをアウトプットしていける、住民参画の仕組みが必要だ」との後押しもあり、リーディング・プロジェクトの筆頭項目として実施した。

住民創発プロジェクトの応募資格は、3人以上の団体で、モデル地区に在住か、将来住みたい人、モデル地区に愛着がある人、モデル地区のまちづくりにかかわりたい人。講評会や報告会への積極的な参加を条件として、基本構想の方針に合致した企画提案を求めた。

2013年8月に説明会を行い、事前相談会2回と、個別相談会6回を設けたのち、住民から応募された企画を一般公開した講評会で選定した。講評委員は東京理科大学理工学部建築学科の伊藤香織教授、東京大学大学院の小泉教授、そして横浜市、青葉区、東急電鉄が務めた。

2013年9月に実施した第1回の講評会では、「美しが丘カフェ」「フラッシュモブ実行委員会」「交流の森プロジェクトチーム」「たまプラーザ中央商店街＋ＡＯＢＡ＋ＡＲＴ」「3丁目カフェ準備委員会」の5団体の企画が「住民創発プロジェクト支援部門」で認定された。選ばれた5企画は、企画内容が充実しており、専門家によるアドバイスを踏まえれば、すぐに実行できるプロジェクトとして支援を決定。各団体からの申請に対し、一定の額を上限に支援金を支給する仕組みとし、専門家からのアドバイスや、民間事業者とのマッチングが受けられる体制を整えた。

またコンセプトを練り直せば、具体的な活動として検討できる余地がある企画に対しては、「学びの活動支援部門」を設けて、プロジェクトへと昇華させていくサポートも行った。講評会で出てきたようなアイデアは、行政や企業からはまず出てこない、斬新で柔軟な発想、可能性を秘めたものばかり。それを具体的な活動として認定する基準に至っていないからといって、取りこぼすのではなく、アイデアの芽を育てていくため「学びの活動支援部門」を設けた。

講評会や相談会を重ねながら各プロジェクトの精度を上げていった結果、支援部門の対象となった企画のうち、新たに10の企画が２０１４年１月に住民創発プロジェクトとして認定され、活動がスタート。住民主体の活動の中には、行政や企業ではできないコミュニティ・ビジネスの立ち上げを目指す団体も現れ、各々が支援金頼みではなく活動を自走させることを目指して進んでいった。

■住民創発プロジェクト支援の流れ

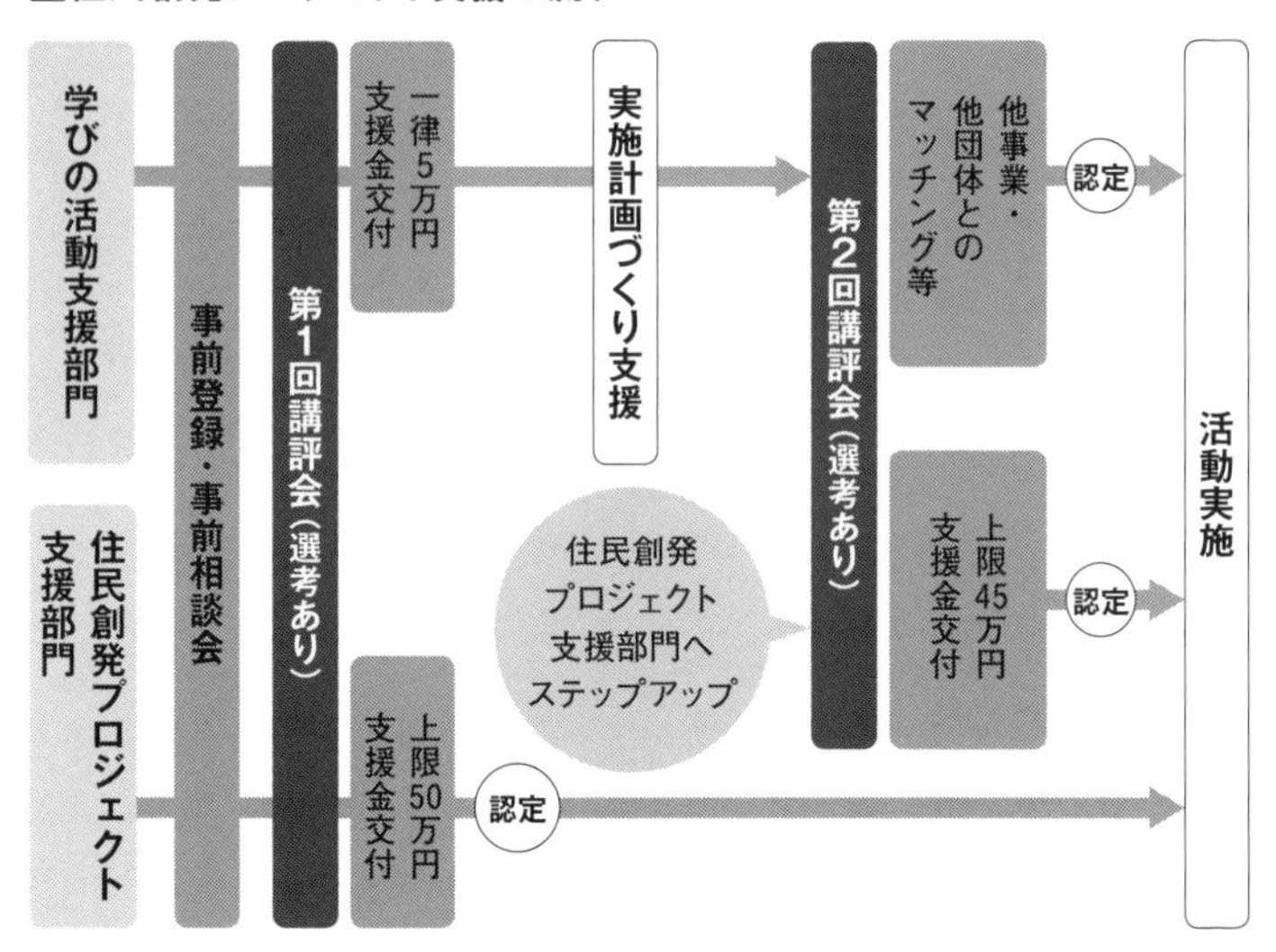

「次世代郊外まちづくり　7つのアプローチ」より

住民創発プロジェクト講評会

住民創発プロジェクト

フラッシュモブ実行委員会

テーマ
「たまプラー座(イチザ)だよ！　全員集合！」まちの人たちでつくるオリジナルパフォーマンス（フラッシュモブ）の実行

美しが丘ダブルダッチクラブでクラブ運営を行ってきたダブルダッチと、公共の場に人を集めて、前触れもなく始めるフラッシュモブを掛け合わせたオリジナルのまちなかパフォーマンスを実施することで、住民が地域に愛着を持ち、互いを助け合えるコミュニティを築く「育ちあいの場」を生み出すことが目的。2013年 11月 に 約 150名、2014年 7月に約 90名でフラッシュモブを実施。現在は団体名称を「たまプラー座まちなかパフォーマンス」に変更、まちなかパフォーマンスのほか様々なイベントを行っている。

住民創発プロジェクト

美しが丘カフェ

テーマ
子育て家庭と地域をつなぐことから始める豊かなまちづくり

2008年から美しが丘中学校を拠点に活動してきた美しが丘カフェ。親子で参加できるお茶会やイベントなどを開催してきた。子育て支援や、地域および多世代との交流を目的としたコミュニティづくりを行ってきたが、コミュニティが確立されることで内々になりがちな活動を広げ、いろいろな団体と交流することを目指して住民創発プロジェクトに応募。東日本大震災を機に、編みもので被災地支援を行うハートニットプロジェクトを手伝うニットカフェを開催するなどの活動を継続中。

住民創発プロジェクト

たまプラーザ中央商店街+AOBA+ART

テーマ

たまプラナイトウォーク〜光でつなげる街の輪〜

AOBA+ARTのたまプラーザにおけるアートプロジェクトは2008年にスタート。2013年12月には美しが丘ペアツリーイルミネーションに連動する形で「たまプラナイトウォーク」を実施。公園に複数のイルミネーションツリーを設置する会場構成やライブの企画のほか、公園までの道のりにあるたまプラーザ中央商店街では、商店街に関連したエピソードを探す「ミステリーツアー」を開催。来場者のみならず、住民と商店街各店との交流を図れるよう工夫した。当日、公園内に彩られた複数のイルミネーションツリーは、メインのツリーを引き立てつつ、会場の雰囲気を盛り上げ、クリスマスイベントムードに華やぎを添えた。

住民創発プロジェクト

たまプラ・コネクト

テーマ

次世代のまちづくり。人と人、人と地域、企業、行政をつなぎます

自治会や商店会メンバーを中心とする住民主導型のまちづくりネットワーク「たまプラ network」と、中間支援組織を目指す「交流の森」。ともに住民創発プロジェクトとして認定され、その後合流して、2015年9月に合同会社たまプラ・コネクトを設立。地域の共助のしくみづくりを目指す「シェアカル」、〝孤食〟の人たちをつなぐ「たまコネ食堂」、たまプラで活躍する人をゲストスピーカーに迎える「たまコネクラブ」、キッズ・プロジェクト「親子で遊ぶプログラミング」や、勉強会などを開催。

住民創発プロジェクト

AOBA+ART2014 実行委員会

テーマ
AOBA+ART2014「リビング・アーカイヴ展」

商店街や美しが丘の住宅地でアートイベントを開催してきたAOBA+ART。2014年は、その実績を活かしながら、「地域の記憶」をコンセプトとしたパブリックアート展を住民と協力しながら開催。まち中にアート作品を展示し、作品を巡るツアーを行うことで、アートを通してAOBA+ART、住民、そしてまちが触れ合った。AOBA+ARTは、住民創発プロジェクトへの参加を機に、まちづくりの一端を担う活動へと幅を広げていった。

住民創発プロジェクト

株式会社3丁目カフェ

テーマ
コミュニティスペース「3丁目カフェ」をつくる

発案当初は、駅まで行かなければカフェがない3丁目にカフェをつくることで、地域のコミュニティ拠点になることを目指していたが、プロジェクトの精度を高めていく過程で、地域活動団体や住民に場所を提供し、新たなコミュニティの創出を図ることに目標を定めた。なるべく制約を設けず、ギャラリーやコワーキングスペースとして使用してもらえる空間を目指す。2014年8月に美しが丘1丁目にオープンした3丁目カフェは、カフェとしてだけでなくイベントスペースなどでも活用され、地域に根付いている。

住民創発プロジェクト

美しが丘 Diamonds

テーマ

学校を拠点とする地域住民交流の促進

美しが丘中学校、美しが丘小学校、美しが丘東小学校を拠点にしながら、地域住民の交流の場づくりに尽力してきた「美しが丘Diamonds」。これまでの活動経験をベースに、地域コミュニティの核となる学校で活動するという特徴を活かしながら、「美しが丘カフェ」や、「オールたまプラーザの健康・コミュニティづくり」などと連携を強化し、活動の幅を広げた。「お父さんのための筋トレ講座」は小中学校を通じて告知したところ、参加者から好評を得た。

住民創発プロジェクト

あおばフレンズ
(LLP青葉まちづくり活性化協議会)

テーマ

地域雇用創出とまちの安全安心

地域雇用の創出と健康づくりを目的とした地域密着型のポスティング事業を提案。郊外住宅地であるたまプラーザでコミュニティ・ビジネスの創出機会が乏しいことを課題として捉えながら、ポスティングで歩くことによって健康づくりを促進することにもつながっている。雇用創出、健康づくり、まちの安心安全の一石三鳥を目指し活動を継続中。

住民創発プロジェクト

たまプ楽食プロジェクト

テーマ

食をテーマとしたたまプラ版御用聞き

食の楽しさを通して住民同士をつなぐ企画を地域の団体と連携しながら推進。

フラッシュモブ実行員会と共催した「Happy♡Hpppyモブ楽食Day!」では、地域に住む子どもからシニアまでが集まり、料理対決によって作った食事をみんなで食べ、投票で競った。

また、食事を提供したい人と受けたい人とをマッチングするサービスを企画。たまプラ・コネクトと連携し、食以外にも利用できるマッチングをサポートするスマホアプリのトライアルを実施した。

住民創発プロジェクト

オールたまプラーザの健康・コミュニティづくり

テーマ

全ての世代の健康増進と多様なコミュニティづくり

多世代を対象に、健康・体力づくりを行うイベントや講座を企画。男性が仕事帰りに気軽に運動できる「お父さんのための筋トレ講座」を「美しが丘Diamonds」と「國學院大學　スポーツ生理学研究室林ゼミ」の協力で共催。また体力が衰えてきた世代でも取り組める「ゆっくり筋トレゆったりストレッチ」や、「TAMA YOGA」を開催するなど、「多世代」と「健康」をキーワードとしたコミュニティづくりを実施してきた。

住民創発プロジェクト

Loco-working 協議会 たまプラプロジェクトチーム（たまロコ）

テーマ
たまプラで暮らし、働く―ロコワーキング―

愛着のある場所で「暮らす」と「働く」がつながるにはどうしたらいいのか。子育てしながら働くことを考える「たまロコ」では、地域のリソースをつなげてかけ合わせ、仕事として地域内で循環発注することや、「何をしていいのかわからない」という人の掘り起こしなどに着目。さまざまなワークショップを開催したり、他団体との連携を深めることで、愛するたまプラという地域で働くこと、たまプラだからこそ叶う「自分らしい働き方」のモデルの構築を目指す。

住民創発プロジェクト

特定非営利活動法人 森ノオト

テーマ
シビックメディア『たまプラびと図鑑』

地域住民が記者となり、青葉区を中心に活動、エコロンシャスなヒトやモノを取材したものをメディアで発信してきた実績を持つ森ノオトが、たまプラーザに暮らす魅力的な人をワークショップで発掘し、選ばれた100人を集めたコミュニティ探検ブック『たまプラびと図鑑』を企画。本の制作を通して、埋もれている地域の人材の掘り起こしを行い、『たまプラーザの100人』が完成。記者の一人が取材先であった子連れパン教室の活動にほれ込み、自らパン教室を開催するようになるなど本づくりでその後の人生が変わった人も。

住民創発プロジェクト

たまプラ油田開発プロジェクト

テーマ

シビックプライドを育むコンパクトな資源循環型コミュニティを試みる

家庭や学校などから排出される食用廃油を回収し、軽油に精製し、それを燃料に走るコミュニティバスの運行を目指している。日々の生活の中で地球環境を考えるきっかけを提案していくことを目的としたプロジェクト。地域の協力事業所に回収ステーションを設置し、常時、廃油の回収を行っている。東京油田ユーズと提携し、回収した廃油は現在のところエネルギー化に寄与している。また、夏祭りなどで廃油でキャンドルを作る工作教室を行うなど、暮らしのなかの小さなエコロジーに関心を持ってもらうよう働きかけている。

住民創発プロジェクト

特定非営利活動法人森ノオト

テーマ

たまプラーザ電力プロジェクト

地域のエネルギー問題に興味を持つ人たちが集まり活動してきた森ノオトが、東日本大震災後に青葉区で取り組んできた「あざみ野ぶんぶんプロジェクト」で得られた知見をベースに、住民が再生可能エネルギーについて学び、考える場をつくりながら、たまプラーザらしいご当地電力をつくっていくことを目的に立ち上げたプロジェクト。2014年9月には株式会社たまプラーザぶんぶん電力として起業。国の施策や社会状況に影響を受けながらも、地域循環型のエネルギーの創出やエコをキーワードにしたコミュニティの形成を目指す。

住民創発プロジェクトの実施プロセスにおいて、注目したい点が３つある。１つ目に意欲的な住民を巻き込み活動を広げていったこと。２つ目に住民からの相談を受け入れサポートする体制をつくったこと、３つ目に事業化に結び付けたことである。

（1）意欲的な住民を巻き込む

住民創発プロジェクトは、地域のキーパーソンが参加したことで、人から人へと輪が広がり、活動が活性化していった。

「元々この地区は転入者が大半ですが、震災などを経て地域に対する意識も変わってきました。積極的な思いを持つ方が多くおられる地域だったからこそ、住民創発プロジェクトが広がっていったのだと思います」と話すのは、同プロジェクトに参加し、２０１６年から美しが丘連合自治会会長を務める辺見真智子氏だ。辺見氏は、次世代郊外まちづくりがスタートした当初をこう振り返る。

「横浜市と東急電鉄が敷いたレールに結局は乗せられるのではないか、という不信感や、まちづくりなら自分たちが昔からやっているという声もないわけではありませんでした。でも、まちをよくしようという思いは同じです。連合自治会としては、活動を見守り応援していくことが大切と考えました」

美しが丘地区では、大小23の単位自治会があり、全体を束ねる美しが丘連合自治会は、防災・防犯活動、親睦のためのレクリエーション、まちの美化活動などの事業を行う。美しが丘公園で開催される桜まつりや夏祭り（盆踊り大会）では自治会と商店会、ＰＴＡが相互に協力するかたちができあがっている。

こうした地域活動が活発な理由の1つには、環境に対する住民意識の高さも挙げられる。第1章で触れたとおり、モデル地区付近は、上質な住環境を守るためのルールを「街づくりハンドブック」に記して配布するなど、自分たちのまちを自分たちで守る活動を、青葉美しが丘中部地区計画街づくりアセス委員会が中心となって担っている。

アセス委員会の委員長を務め、住民創発プロジェクトとして認定された「ＡＯＢＡ＋ＡＲＴ」にも参加する藤井本子氏は、美しが丘に暮らして30年以上が経つ。

「自分の父親と同じくらいの年齢の方々から、まちの歴史を何度も聞きました。それまで、まちは行政や土地を造成した企業がつくるものだと思っていました。でも違うんですね。今、このまちで育った子どもが、家族を持つことを機に帰ってくるという話をよく聞きます。それはその人にとって、幸せな子ども時代の思い出があるから。まちは住民がつくるもの、というスピリットを次の世代に伝えていかなければという思いが強いんです」

このまちの住民は、自ら主体となって動き、わがまちを守るために行動するエネルギーを持つ。だからこそ、住民創発プロジェクトの立ち上げでは、先頭に立ってまちを守ってきた住民の気持ちが重視された。これからのまちづくりを考え、住民創発プロジェクトのプレイヤーとなる意欲的な人材を探すため、担当者は地域の重鎮のほか、自治会、商店街、中学校などの教育関係、地域の活動団体のもとへと足を運んでいる。

だがヒアリングを行っていた当時の議事録を見ると、古い住宅や街並みを壊して、高級マンションを建てたいだけではないかなど、厳しい意見も並んでいる。

担当者にとっては「開発だけして手を引くデベロッパーとは一線を画する」という自負があっても、住民からすれば同じデベロッパー。まちで地道に活動を続けている人にひたすら会いに行き、次世代郊外まちづくりについて説明し続けるしかなかったという。

主体性を持って活動できる人が集まらないと、住民創発プロジェクトは尻すぼみになる。地元の逸材は、外から見ていてもわからないため、直接じっくり話を聞いて、今行っている活動よりももっと大きな活動につなげられる人を見出し、住民創発プロジェクトへの参加を呼びかけていった。

住民創発プロジェクトの立ち上げからかかわってきた小泉教授は「美しが丘のみなさんは層が厚くて、いろいろな人や方面につながっている方が多い。そういう方々がプロジェクトの中核メンバーに入っていて、自治会と離れていない。だから対立関係になりにくかったのでしょう。東急電鉄は自治会に頻繁に足を運んでいましたし、地域のみなさんからすれば、自分たちのことをないがしろにはしないだろうという信頼感もあったと思います」と指摘している。

まちで新たな活動を始めるとなれば、これまで自治活動を続けてきた人との摩擦は当然起きうるもの。いくら説明しても、「これまで自治会に参加していなかった人たちが突然出てきて、まちをよくするといったって、それは違うのではないか」といった感情がでてくるのは否めない。だが住民創発プロジェクトの場合は、地元のキーパーソンが人と人をつなぐ接着剤となり摩擦を解決していた。

「ワークショップをいきなり始めるのではなく、人材発掘から始めることが大切」と小泉教授は言う。ある人をきっかけにどんどん人を発掘して輪を大きくしていくことを可能な限り行ったことで、多用な年齢層、属性の人が、次世代郊外まちづくりに参加することになった。さらに、住民創発プロジェクトで中心的な役割を担っている人が、自治会や商店街の役員として入ってきており、いわば世代交代のような現象も起きている。

(2) 住民からの相談を受け入れサポートする体制

認定された住民創発プロジェクトのプレイヤーは、これまで地域活動にかかわってきた経験は豊かだが、講評会で必要となる資料や企画書の作成に長けているとは限らない。住民からの多くの相談が寄せられることを想定し、応募前から相談会などで住民と話す機会を設けた。

相談に応じた石塚計画デザイン事務所の石塚雅明氏は「企画を多くの人に共感してもらうためにはどうすべきか、何度もキャッチボールをしました。スケジュールや予算などを実施計画書としてまとめていくのは面倒な作業です。一方で、活動の実現に何が必要なのかを知るきっかけになったという評価もいただきました」と話す。

企画実現に向けた対外的なサポートも行われた。ワークショップやたまプラ大学で学んだことに触発された住民の一人、林月子氏は、まちなかパフォーマンス「たまプラ一座だよ！全員集合！」を住民創発プロジェクトで提案し、子どもたちを中心とした住民の中に「育ちあい」という気持ちを養っていくことを目指した。パフォーマンスの舞台として選んだ駅前広場は当時、外部への貸し出しはしておらず、住民団体が使用許可を得るにはハードルが高い空間だった。そこで間に入り、許可が下りるよう交渉をサポート。２０１３年11月には、赤ちゃんから70代まで約１５０人が参加したパフォーマンスが、駅前広場で実施された。

後にたまプラ一座は、商店街でもパフォーマンスを行っているが、このときは、たまプラーザ中央商店街が便宜をはかり、通行止めにする手続きなどを手伝っている。同商店街会長の佐藤恒一氏のもとには、次世代郊外まちづくりが始まってから、「イベントをやりたい、協力してほしい」とさまざまな人が訪ねており、住民創発プロジェクトの認定を受けたＡＯＢＡ＋ＡＲＴとのナイトウオークイベントなども実現させている。

企画実施に向け、仲間内では解決できないことは、積極的に周囲の人々にかかわってもらい突破口を見つける。そうした連携が、プロジェクトの活性化につながっていた。

駅前広場でのまちなかパフォーマンス

先述の林氏は、たまプラ大学の講義に刺激を受け「たまプラ一座」を企画するに至った。大学で登壇した松田朋春氏の「イベントはそのまちの個性になる」という言葉が腑に落ちたという。大勢の中で発言したり、他の人の意見を聞いたりしていく中で、「おしゃれなまちではなく、心が温かくなるまちに暮らしたい」「自分がまちを変えていくのだ」という想いがどんどん引き出され、育ちあいの場をつくる「たまプラ一座」が生まれたという。「仕事で企画書をつくった経験もなかった」という林氏だが、今では全国で単独講演会を行う。

一座にはキッズスタッフがいるが、その子どもたちにも変化が起きた。まちなかパフォーマンスから参加していた当時10歳の陽花ちゃんは、こんなことを書いている。「私の夢はたまプラーザでまちづくりの活動を続け、『育ちあい』という言葉を広めたい」「たまプラーザを好きになる人をふやしたい」。住民創発プロジェクトを通じて、未来のまちの担い手にも、まちへの誇りが芽生えているのがわかる。豊かなコミュニティをつくり出すには、多様な住民が参加できる活動を持続していくことが必要だ。続けていくことで交流の機会が増えれば、さらにコミュニティは活性化し、新たな担い手が生まれていく。そうした循環が住民創発プロジェクトの中で生まれていた。

ハワイの大学で[illegible]
を勉強していたらとってもうれしいです。
もし、この二つの夢が叶っていなかったとして
もたまプラーザに住んでいるだけでも
いいです。なぜかというと私はとーっても

たまプラーザが
大好きだからです！

私が初めてたまプラーザの
活動に参加したのは一年生の時
でした。お母さんがコーラス隊に
入っていて、そのグループにまちづ
くりの活動をやりませんか？と声が
かかりやってみようということになりま

陽花ちゃんの手紙

「大上段に『まちのためにやる』と意気込まなくとも、自分のできる範囲で身近な生活環境を豊かにしていくことから始めて、それがさらに進んでまち全体がよくなるところまで動けるといい」こう話すのは、住民創発プロジェクトの講評にも携わった東京理科大学の伊藤教授だ。

「自分の活動が他者から褒められ、感謝されるようになると自負心につながっていきます。こうした活動は、全員ができるわけではありませんが、周囲にいる人も、自分もまちの一員である、と意識することはできると思います。利便性が高いからこの物件に住んでいる、という人は、もっと便利な場所が見つかれば、移り住んでしまうでしょう。でも自分がまちとかかわっているという自負心は、まちを選ぶ理由になります。まちの美しさといった環境整備とともに、自負心を持つための動きを連動させていくことが大事だと思います」

土地を開発して事業を行ってきた東急電鉄が、住民活動の支援などを実践する理由もここにある。郊外住宅地の価値を再創造するためには、施設の整備だけでなく、地域の中で人々が役割や居場所を感じられることが必要になる。その表れが、住民創発プロジェクトなのだ。

小泉教授も、次世代郊外まちづくりの先進性をこう評価する。

「古典的なまちづくりの進め方には、行政が主な住民に呼びかけ、まちづくり検討のための組織を立ち上げる協議会方式があり、まちづくりは行政と住民の協働でした。しかし次世代郊外まちづくりは、企業、行政、住民による共創を志向した点で先進性があります。再開発などの局面で、企業のまちづくりと住民のまちづくりを接合した例はありましたが、次世代郊外まちづくりでは、キックオフフォーラムにはじまり、ワークショップ、基本構想、住民創発プロジェクトと、共創による新しい取り組みが行われました。そのスピード感と、住民の主体性を確立するプロセスは評価できます。また特定のワークショップなどに参加できなかった人に対しても、関心を高めるための情報発信もされていました」

まちづくりへ意欲的な人を巻き込むだけでなく、関心が芽生えた人を受け入れ育てていく体制も、活動を持続していくためには欠かせないだろう。「地域につながりたい」と一言でいっても、つながり度合いは、人によって違う。活動にどっぷりつかりたい人もいれば、少しでいい人もいる。どんな度合いでも参加できるような懐の深さが、活動を前へ前へと進めていく力になる。

（3）事業につなげる

住民創発プロジェクトが進行していく中で、事業化に向けた挑戦も行われている。そのひとつが、２０１４年8月にオープンした「3丁目カフェ」だ。住民創発プロジェクトの支援部門で認定された3丁目カフェ準備委員会の代表であった大野承氏は、会社を退職した後に地域活動に積極的に参加するようになり、気軽に誰もがお茶を楽しめるコミュニティカフェをつくりたいと、企画を応募した。だが当初カフェを開業しようと考えていた場所は公有地で、一個人が簡単に借りられない。その他にも建築基準法や都市計画の制約もあり住宅地で一定規模のカフェを開業しようとすると、住民の合意も必要だった。諦めかけた矢先、縁があって現在の店舗を借りることになる。大野氏は、「東急電鉄などのバックアップがなければこの店舗は借りられなかった」としながらも、店舗経営の難しさを実感しているところだ。現在の収益は、カフェが1割程度で、あとの9割はイベントスペースとしての使用料。文化交流をテーマにした自主企画のイベントの開催や、パーティーやイベントを行いたいという人たちに場所貸しを行うことで一定の収益を得ている。

3丁目カフェ

住民主体の活動が事業化すれば、地域に職が生まれ、地域内に経済が循環していくことになる。3丁目カフェのように、住民活動を自走させていく仕組みづくりは、まちを持続し活性化させるためにも挑むべき項目だ。

住民創発プロジェクトとして認定を受けたNPOの森ノオトも、コミュニティ・ビジネスの確立を今まで以上に目指すようになった。たまプラーザに暮らす魅力ある人たちを紹介した冊子、『たまプラーザの100人』をつくるというプロジェクトをタイトなスケジュールで進めるにあたり、代表の北原まどか氏は「仕事として受けているのであれば、予算をつけてプロの方にお願いすることもできましたが、自分たちで何とかしなければいけない。でも活動を継続していくためには、お金のことから逃げていてもダメだ、収益を上げるための努力をしなくちゃいけないと考え直しました」と振り返る。

ボランティア精神だけに頼っていては、いずれ活動は廃れてしまう。活動を拡大していけばいくほど、どのように資金を集めていけばいいのか、ブレイクスルーのための新しい発想が求められる。小さいながらも地域の経済モデルを作り出すことは、持続可能な郊外住宅地を再構築する大きな一歩になるだろう。

●まちぐるみの保育・子育てネットワーク

リーディング・プロジェクトでは安心して子どもを育てられる環境と仕組みをつくるための「まちぐるみの保育・子育てネットワークづくり」も掲げられた。

「子育てしやすいまちにしたい」という思いをどのように形にしていけばいいのかを模索する中、このまちで子育てにかかわる人には、どんな人がいるのだろうかと住民にヒアリングを行った結果、子育てや教育に関して素晴らしい考えをもった人や熱意を持った人が多くいるが、ネットワーク化されていない実態が明らかになってきた。たまプラーザ駅周辺は保育園や幼稚園・小中学校・塾・各種教室など、子育てに関連する施設は充実していたが、これまで施設間での連携の機会はあまり多くなかった。新しく何かをつくらなくても、ネットワーク化されるだけで、地域の子育て環境はもっと良くなるのではないか。そんな仮説が立てられ、民生委員として地域の子育て活動に従事し、住民創発プロジェクトにも参加していた関哉子氏に声がかかった。

「子育てのネットワークづくりのために関係者や園、学校への声かけをお願いできませんかと話が来て、これは私が以前からやりたいと思っていたことなので、喜んでお手伝いしますと伝えました。子育てはひとりではできないことだと思いますが、どうしたら良いのか手立てがわからず悩んだり、ストレスを抱えたり、孤立してしまうことがあります。そういうことを防ぐために、子育てをともに担っていく地域の関係者が、温かく子どもたちとその家庭や保護者を見守っていけたらいいなと思っていたので」

ネットワークづくりの一環として設けられた「子ども・子育てタウンミーティング」は2014年にスタート。美しが丘地区にある保育園、幼稚園、小中学校の職員や児童委員、学校カウンセラーや地域コーディネーター、社会福祉協議会、青葉区など、子育ての現場で活躍する人たちが集まり、世界の先進事例の共有や、美しが丘地区での子育てについての対話が行われた。最初はゲストを招いてのワークショップが中心だったミーティングも、最近では座談会と情報交換の場になってきており、今まで点と点だった人や園、学校を線でつなぎ、まちぐるみの保育・子育て実現に向けて、連携体制が整えられてきている。

●次世代のまちづくりを担う人材育成の推進

次世代のまちづくりを担う人材育成の推進も、リーディング・プロジェクトのひとつだ。モデル地区内の中学校と連携し、生徒と住民をつなぐ取り組みが行われてきた。

美しが丘中学校では、授業の一環として「次世代郊外まちづくり学習計画」を授業に組み入れた。当時、美しが丘中学校の教師であった鬼木勝氏は、横浜市と東急電鉄が包括協定を締結することが書かれた新聞記事を目にし、何か連携できないかと東急電鉄に相談を持ちかけたという。

もともと社会科のカリキュラムには、地域の暮らしや行政のあり方などを学びながら、地域のことを考える公民的分野を学ぶ時間がある。だがどうしても校内の活動にとどまりがちで、社会参画意識を高める点で地域とかかわるきっかけをもっと持ちたいという課題があった。そこで行われたのが、シビックプライドをテーマに学外の人の話を聞いたり、地域に生徒たちが出ていく授業の実施だった。伊藤教授のシビックプライドに関する講義のほか、働いている大人たちの仕事内容を体験するなどして、生徒が地域社会を考え、その一員として何ができるかを自分たち自身の言葉で語るというプログラムである。

２０１３年9月から約半年間行った第1期では「模造紙の書き方講座」も行い、それを活かして学校内で発表会を行った。２０１５年からスタートした第2期は、多くの人に発表内容を発信できるよう、成果物をｅ‐ｂｏｏｋ（電子書籍）として完成させる授業を行った。ｅ‐ｂｏｏｋ制作においては、元エンジニアで住民創発プロジェクトにも参加した千葉恭弘氏の協力を得ており、青葉区民のポータルサイト「あおばみん」に掲載している。

「東急電鉄が開発を行った住宅地であることを知らないのは子どもだけでなく、若いお父さんお母さんも同じです。美しいまちに暮らしていることが当然だという子どもたちですから、次世代郊外まちづくりを通して、年配の方々に昔の話をたくさん聞くことができました。人前で堂々と発表することもできるようになり、子どもたちにとって大きな実りとなりました」と美しが丘中学校の高橋和則校長は話す。

１年生が毎年行う職業インタビューでは、東急グループにも訪問があったほか、地域活動をしている人たちのところに行くなど訪問先が増え、１、２年生が夏休みを使って制作している「わが街新聞」「明日のわが街新聞」の制作においては、住民創発プロジェクトのひとつ「ＡＯＢＡ＋ＡＲＴ２０１４」から始まったアートプロジェクト「街のはなし」と連動して、中学生も一緒になって地元の人たちに話を聞く機会もあった。

こうした公立の教育機関が一般企業と直接連携できたのは、次世代郊外まちづくりが産学公民連携のプロジェクトであるという前提があったからだという。参加した子どもたちは、その後、自主的に美しが丘連合自治会の辺見氏やたまプラーザ中央商店街の佐藤氏のところに話を聞きに行くようになった。中学校で講義を行った伊藤教授は、こう振り返る。

「授業で地域のことを勉強しても、すぐ忘れてしまう子どもが大半でしょう。でも実際にまちに出て、リアルな社会の、この部分の話なのだと分かっていくから、実感が全然違うと思います。子どものころから自分の暮らすまちのことを考え、大人たちの活動を見ていると発想も違ってくるでしょうし、子どもたちがどのように育っていくのかなと今から楽しみです」

シビックプライドの授業

職場体験時の写真

●暮らしを豊かにする部会の推進

ここまで住民を主体としたリーディング・プロジェクトを見てきたが、次世代郊外まちづくりでは、専門家と協働することで進んだプロジェクトも多い。住民の生活の基盤を支える医療やエネルギーといったインフラ部分においては、専門家との協働によって、郊外の価値を再構築する新たな動きにつなげている。

基本構想の策定前、２０１２年から２０１３年にかけて、東急電鉄と横浜市は、地域の専門家や大学、学識経験者、そして民間企業が集まった「暮らしのインフラ検討部会」を発足させている。モデル地区で優先順位の高い、①医療・介護問題②エネルギー・情報インフラ・環境問題③住まいや住宅再生への指針づくりをテーマに、３つの部会「医療・介護連携の地域包括ケアシステム推進部会」、「スマートコミュニティ推進部会」、「暮らしと住まい再生部会」に分かれ、この地域におけるそれぞれの課題を専門的な角度から検討していった。ここからは、それぞれの部会ごとに取り組みを見ていく。

（1）医療・介護問題

医療・介護連携の地域包括ケアシステム推進部会が中心となって取り組んだのは、リーディング・プロジェクトにも掲げられた、地域包括ケアシステムの構築である。

同部会では、青葉区医師会、青葉区歯科医師会、青葉区薬剤師会、青葉区内病院・診療所、青葉区メディカルセンター、青葉区ケアマネジャー連絡会、青葉区訪問看護連絡会、青葉区訪問介護連絡会、青葉区通所介護連絡会、青葉区内 社会福祉法人、横浜市青葉福祉保健センター、横浜市健康福祉局、横浜市建築局、東急電鉄が連携した。

そもそも地域包括ケアシステムとは、別々に提供されていた医療と福祉・介護のサービスを、関係者が連携・協力して、それぞれの地域住民のニーズに応じて提供する仕組みであり、各自治体でも取り組もうとしている。病気などが原因で自宅に住み続けることができなくなれば、介護施設などに入居する選択肢があるが、住み慣れたまちや自宅で最期まで暮らしたいというニーズは存在する。仮に病気を患っていても、在宅訪問をしてくれる医師や看護師がいれば、在宅ケアが可能となる。また認知症を発症した人を自宅で介護している家族が地域にいれば、地域ぐるみで見守り活動を行うなどして、家族の負担をなるべく軽減するよう働きかけることもできる。高齢者の数が増え病院のベッド数が不足すると言われて久しい中で、住み慣れたまちに暮らし続けるために、地域包括ケアシステムの整備は全国各地で求められている喫緊の課題といっても過言ではない。

これまでは行政の仕事の範疇とされ、民間デベロッパーが本格的に取り組んでこなかった地域包括ケアの領域に踏み出すにあたり、担当者は、地域包括ケアの仕組みづくりについて青葉区医師会

■「あおばモデル」のイメージ図

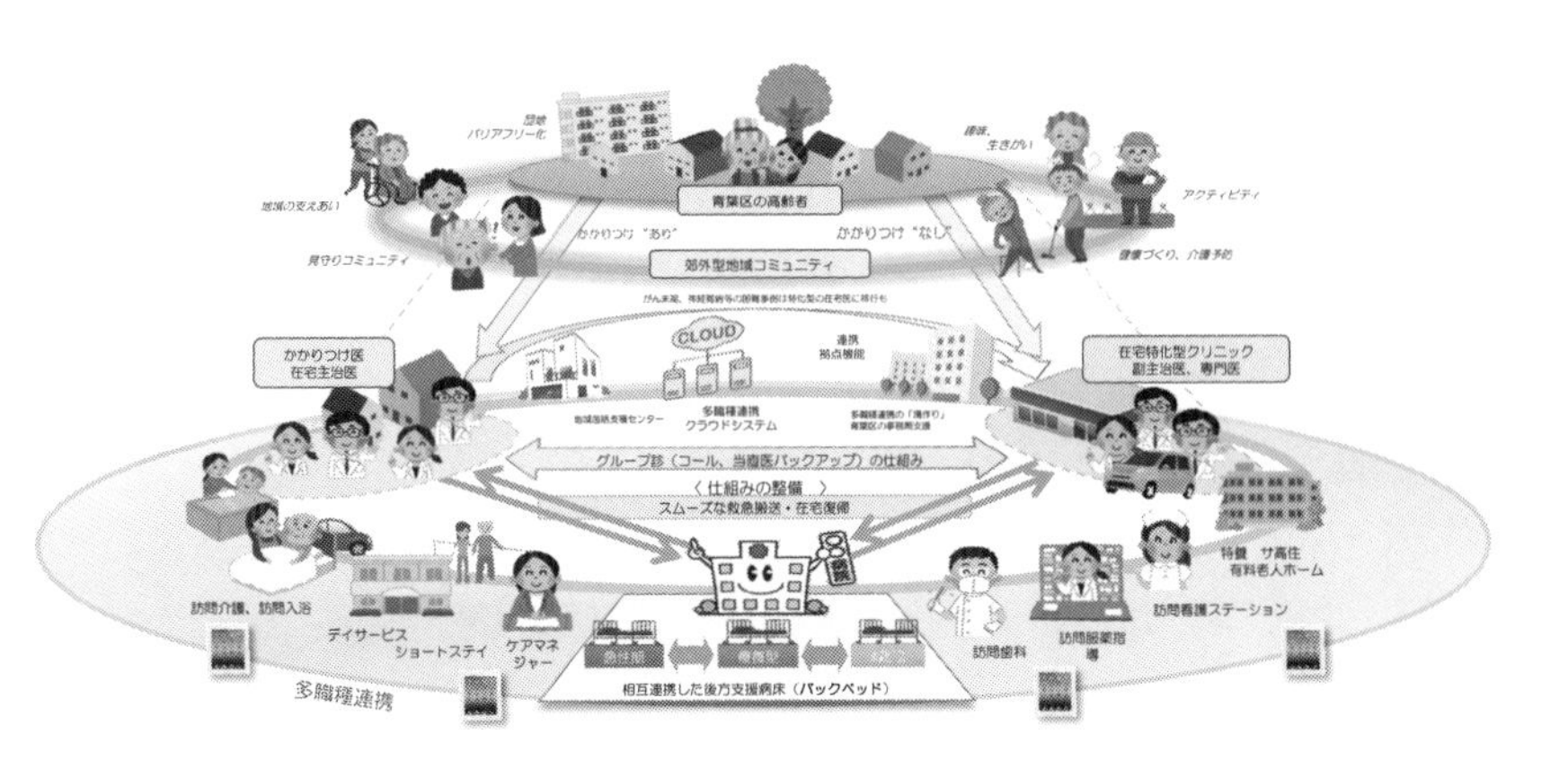

「次世代郊外まちづくり基本構想2013」より

にヒアリングにでかけた。青葉区の実情に沿った地域包括ケアシステムのモデルを構築したいと話したところ、思いもかけない賛同を受け、ぜひとも地域包括ケアシステムの構築に取り組みたいと話がまとまったという。当時の横浜市青葉福祉保健センターも地域包括ケアシステム構築に向けた意識が高く、日々医療や介護に向き合う現場も、現状に課題意識を持っていることがわかった。地域包括ケアの仕組みが必要だという、医療・介護関係者の強い思いもあり、まずは地域の医療機関や介護事業者が、情報交換できる場を設置。外部のコンサルタントを、連携の潤滑油として機能させながら話し合いを重ね、構築したモデルは「あおばモデル」と呼ばれている。

この「あおばモデル」は、かかりつけ医がいる人も、そうでない人も区民誰もが住み慣れた自宅で療養できることを目指しており、在宅医をはじめ、訪問介護師、歯科医師、薬剤師、ヘルパー、ケアマネジャーほか、さまざまな医療・介護の関係者が、チームケアを提供し、自宅で病状が急変した際も、在宅復帰までの治療とリハビリが可能なバックアップ体制を整えるというものだ。

地域包括ケアの構築までのプロセスは、7つのパイロット・プロジェクトに落とし込まれ、基本構想にも盛り込まれている。

1 医療・介護連携の「顔の見える場づくり」
2 在宅医療リソースの増加へ向けた普及活動
3 在宅患者向け病床確保の仕組みづくり
4 在宅医同士のサポート体制のモデルの検討
5 医療・介護の地域資源マップづくり
6 在宅医療・ケアを実現する多職種連携の情報システムの検討
7 地域住民への啓発活動や情報提供、相談窓口の検討

「あおばモデル」がまとまったことで2014年10月、地域包括ケアシステムの構築に向けたキックオフイベント「地域で高齢者を支える医療・介護の専門職のためのセミナー」を開催している。当日は350人もの医療・介護関係者が集まった。

セミナーでは、演劇仕立てで地域包括ケアシステムについて説明がなされた。台本づくりだけでなく、医師役やケアマネジャー役、実際に地域包括ケアシステムを利用する高齢者役など配役も、地域包括ケアシステム推進部会のメンバーで行っている。独り住まいの男性が入院、要介護のケアプランを立てていく事例などを通して、医療・介護の連携システムについて示していった。演劇は、回数を重ねるたびに、どんどんレベルアップしていき、さながら市民劇団のようになり、テキストを読むよりも、はるかにわかりやすいものになった。

地域包括ケアシステムの構築に向けたキックオフイベント

2015年には、「一般社団法人横浜市青葉区医師会　青葉区在宅医療連携拠点」が開設され、「あおばモデル」の仕組みを動かすためのスタッフが配置され、区民の在宅療養を支える体制づくりが進められている。

（2）エネルギー・情報インフラ・環境問題

快適かつ省エネルギーなまちづくりを目指すスマートコミュニティ推進部会では、イッツ・コミュニケーションズ、NTTファシリティーズ、JX日鉱日石エネルギー、東芝、東急建設、東京ガス、日産自動車、ビットメディア、東京工業大学の協力を得て、横浜市、東急電鉄とともに、既成市街地における生活者中心のスマートコミュニティ化の検討を行った。リーディング・プロジェクトである、家庭の節電プロジェクトやエコ診断を中心に、快適かつ省エネルギーなまちづくりを目指し、住民の参画を得ていく取り組みを実施してきた。

2013年夏の「家庭の節電プロジェクト」を皮切りに、家庭内のエネルギー消費を事前のアンケート調査から確認し、診断レポートにまとめることで、消費電力を見える化しながら、節電の目標数値を決めて節電にチャレンジ。2013年冬と2014年夏には電気に加えガスも対象とし、継続して地域ぐるみの省エネルギー活動に取り組んできた。

たまプラーザ駅周辺は、２０１１年に起きた東日本大震災の際に計画停電が実施されたエリアでもある。それをきっかけに省エネに対する意識が高まり、省エネ対策に取り組む住民が多かった。しかし、震災から2年も経つと、住民主体で行えるさまざまな省エネ対策はやりつくした感もあり、逆に省エネの意識が少し薄れている印象も否めなかったという。

そこでまず実施したのが、２０１３年の夏に美しが丘1・2・3丁目居住者のみを対象とした「家庭の節電プロジェクト」である。7月から9月までの3カ月間の電力使用量と前年同月の電力使用量を比較して増えていなかった世帯に対して、たまプラーザ駅周辺の商業施設や商店会で利用可能な地域マネー「プラ」を提供するというものだ。２０１３年の冬には「家庭の省エネプロジェクト」として進化。対象者を、たまプラーザを生活圏にする住民へと拡大し、省エネ対象にガスも加え前回よりも規模を広げた。２０１４年夏に実施した「家庭の省エネプロジェクト」では、最終的に約１３００世帯へと参加者が拡大した。

加えて電気にもっと興味を持ってもらえるよう子どもたちに働きかけたり、「地域ぐるみで楽しくエコを考えよう〜次世代郊外まちづくり『家庭の省エネプロジェクト２０１４』シンポジウム〜」と題したシンポジウムを開催し、省エネや環境問題をテーマにした創作落語を得意とする三遊亭京楽師匠を招いて、「環境落語」を披露してもらうなど、周知活動にも力を入れた。またイベント会場では「家庭のエコ診断」を実施し、あらかじめ事前調査票で回答してもらったデータをもとに、現状のエネルギー使用状況を分析。平均的な家庭と比べてどのくらいの使用量なのかをグラフにして比較しながら、スマートコミュニティ推進部会から選抜された診断員が個々に診断を行い、今後の省エネ目標を設定していった。

一連の取り組みが功を奏して、2013年度から2014年度にかけて約122tのCO2削減効果（杉の木換算で約8700本分）をあげた。ある程度限られたエリアにおいては、住民の意識を少し変えることで、少ない投資で大きな省エネの成果を上げられるという実績ができた。またプロジェクト内で地域通貨として提供した「プラ」は、その後たまプラーザ駅周辺の商業施設や商店会で活用される、という経済効果も生じている。

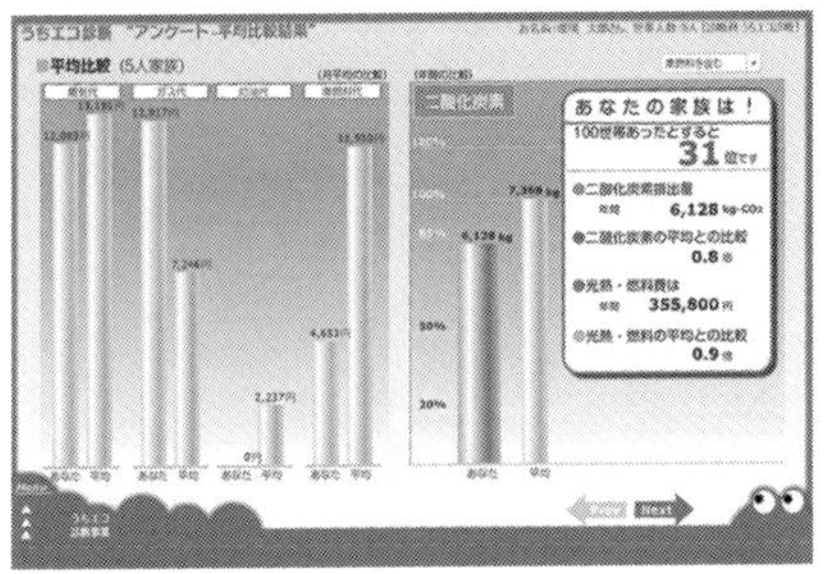

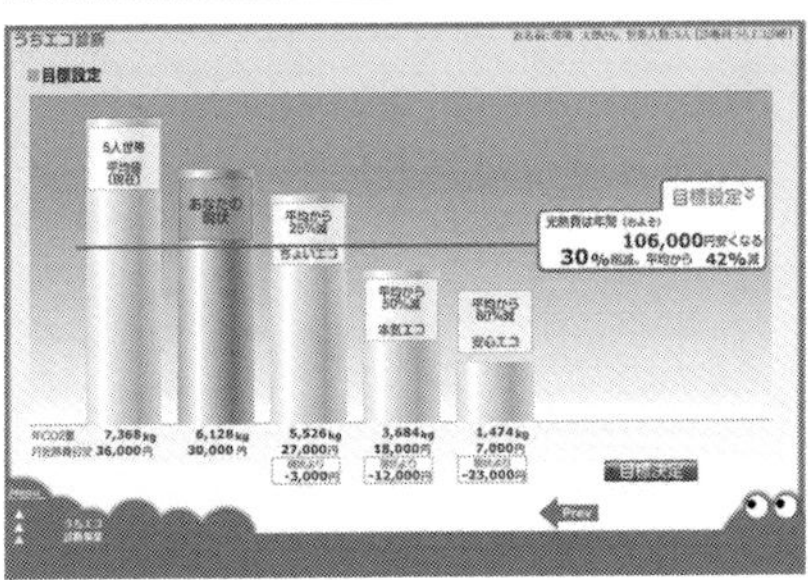

うちエコ診断　結果レポート

おすまい　神奈川県　4人家族　としての評価です。

1）現状　あなたの家族のCO2排出量

年間CO2	平均比較	100世帯中
3,460 kg	0.6 倍	8 位

地球温暖化の原因となるCO2は平均より少なめです。

1ヶ月あたりの光熱費

	光熱費	平均	平均比
電気	917円	11,580円	0.1倍
ガス	7,857円	6,000円	1.3倍
灯油	0円	1,211円	0.0倍
ガソリン	4,041円	7,500円	0.5倍

ガス代が平均よりやや高めですが、電気、灯油、ガソリン代が平均より低めです。

CO2排出量の多い分野

	分野名	割合
1位	自家用車	19.7%
2位	給湯給水	18.7%
3位	冷蔵庫	12.5%
4位	暖房	12.2%

CO2排出の多い自家用車、給湯給水などの分野で対策効果も大きくなります。

2）選択した対策　　診断時に選択した6個の対策を示します。

分野	取り組みの内容	年CO2削減	年光熱費
部屋冷暖	自宅のエアコンを省エネ型に買い替える	-123kg	6,507円負担
給湯給水	給湯器をエコジョーズ(潜熱回収型)に買い替える	-123kg	13,320円負担
給湯給水	手元止水型節水シャワーヘッドを設置する	-114kg	8,599円お得
部屋冷暖	冬場で暖房をする時間を1時間短くする	-60kg	3,829円お得
部屋冷暖	夏場の冷房で、扇風機を使いエアコン利用を1時間減らす	-24kg	1,261円お得
照明	居間の蛍光灯をスリム型に付け替える	-10kg	474円負担

3）選択した対策による効果

対策後年間CO2	平均比較	100世帯中
3,017 kg	0.5 倍	5 位
CO2量変化		順位変化
442 kg（13%）削減		3 位 アップ

「選択中」の合計で、年CO2：442kg(13%)削減、初期投資総額427,000円、年光熱費削減額28,800円(負担増減：13,900円負担)この提案内容について、後日、アンケートのお願いをすることがあります。(電力CO2排出係数 0.55kg/kWh)

注意：このレポートに表示されている数値は、現状での推計結果であり、削減を保証するものではありません。

平成25年度環境省家庭エコ診断推進基盤整備事業

「家庭のエコ診断第1回診断レポート」より

家庭の節電プロジェクト

（3）住まいや住宅地再生への指針づくり

3つ目に紹介する「暮らしと住まい再生部会」では、歩いて暮らせる範囲に必要な機能がコンパクトに集積している「コミュニティ・リビング」の実現に向けて、これまで住む場所という機能しか考えられなかった郊外住宅地を、人々の交流や働く場のあるまちとして捉え直して再構築していくためには、どのような機能を地域に導入したらいいのかを議論し、グランドデザインを策定していった。

メンバーは東京大学工学部都市工学科の大方潤一郎教授、慶應義塾大学総合政策学部の大江守之教授（当時、現名誉教授）、千葉大学工学部都市環境システム学科の小林秀樹教授、東京大学大学院の小泉教授、横浜国立大学大学院都市イノベーション研究院の野原卓准教授、横浜市建築局企画部長の秋元康幸氏（当時）、東急電鉄の東浦亮典氏。

グランドデザインでは、これからの社会構造を見据えたまちの未来像を描いている。こうありたいという住まいのあり方や、世代を超えて暮らしやすい空間とはどのようなものなのか、地区内の機能配置などを研究した結果を反映させている。同時に、モデル地区内の大規模な土地利用の転換期に合わせて、地域に応じた機能の誘導を図っていくことが考慮された。グランドデザインで描いたポイントは表のとおりである。

■グランドデザイン実現のための4つの戦略

1. 機能配置の戦略

- 次世代郊外まちづくりを進めていくために、多様な暮らし方や活動を支えるため、今後必要な住まいや交流、就労、医療・介護、保育や子育て支援、教育、交通などの機能について考えます。
- 地域の資源（リソース）を活用した機能の誘導、配置のあり方を考えます。

2. 住まい再生の戦略

- 地区内の団地や社宅、戸建てなどの住宅を持続・再生しつつ、多様なニーズに応える様々な形態の住まいの選択肢について考えます。
- 住居ニーズの多様化と、住まいの老朽化のトレンドを踏まえて、ニーズにあった住宅の供給等のあり方を考えます。

3. 事業戦略

- 団地や社宅等の住宅地、大型商業施設や学校等、様々な資源（リソース）の改修・再整備や利活用を実現していくための、事業展開の考え方を示します。
- 地域の様々なリソースの再整備や利活用を連携させて、段階的に必要な機能導入を図るための事業展開のあり方を考えます。

4. 空間戦略

- 各戦略が実現した際の姿を空間像として示します。
- ただし、現に人々が暮らし活動するまちであるため、社会的な動向やニーズ等の変化に応じて、事業の進め方なども変えていく必要があります。そのため、この空間像は様々な活動と連携して展開する将来像の一つとして示します。

「暮らしと住まいのグランドデザイン」（暮らしと住まい再生部会）より

■グランドデザインにおける機能配置

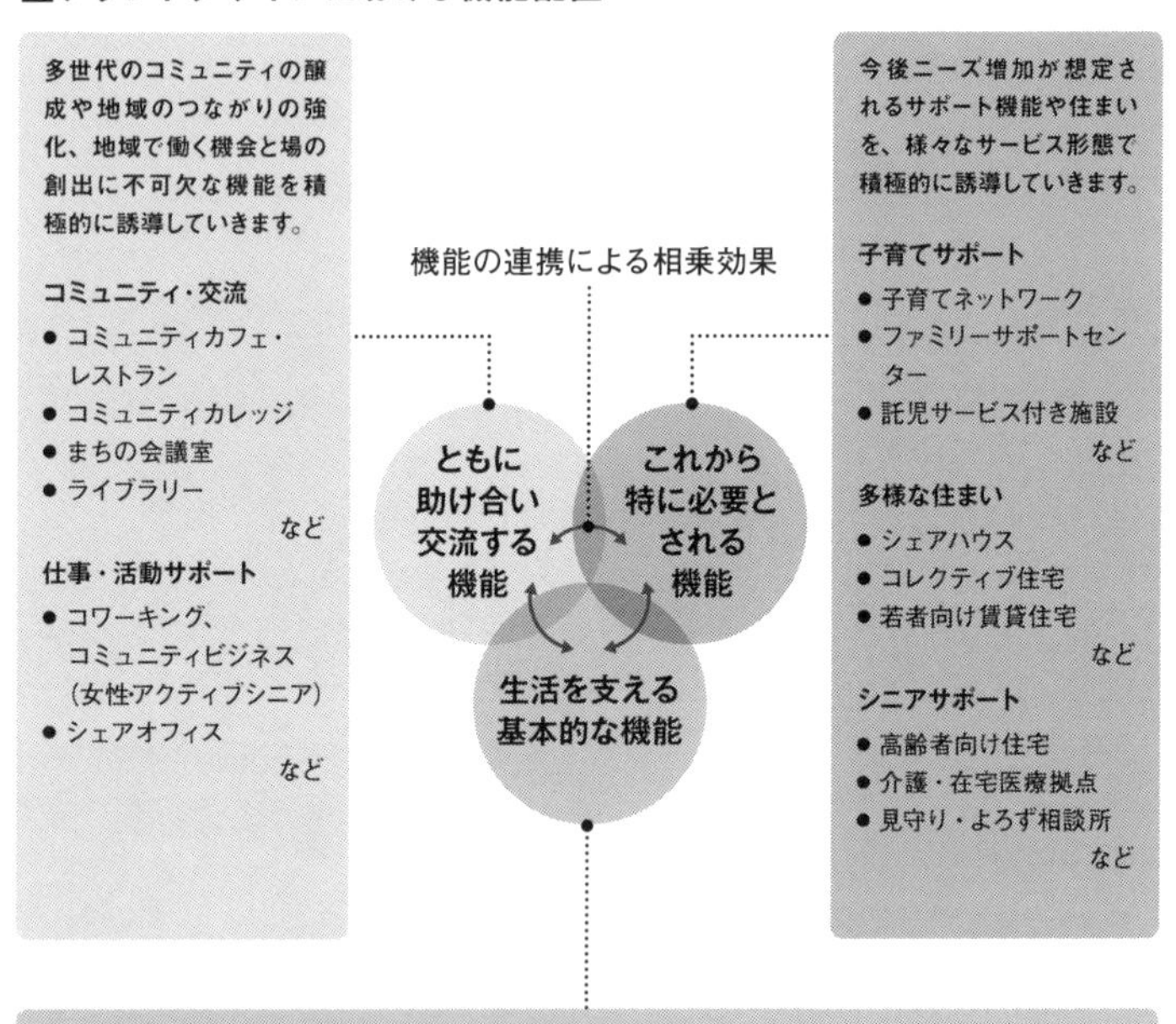

次世代の社会に向けて、生活を支える基本的な機能としてこれまでも地域にあった機能に、新しい仕組みを誘導していきます。

医療と健康	生活基盤サービス	娯楽・スポーツ文化	移動手段	インフラ
● 診療所 など	● 移動販売 ● カフェ など	● プレイパーク ● 地域スポーツクラブ など	● コミュニティバス・デマンドバス ● 超小型モビリティ など	● 自然再生型エネルギー ● CEMS など

「暮らしと住まいのグランドデザイン」（暮らしと住まい再生部会）より

このグランドデザインで描かれた、郊外住宅地に必要な機能や住宅の持続・再生方法が、２０１７年度から具現化され始めている。第３章では、第２フェーズに入った「次世代郊外まちづくり」で動き出したプロジェクトを見ていく。

第3章

「コミュニティ・リビング」実現に向けた取り組み

東急電鉄と横浜市の包括協定の締結から5年が経った2017年4月、両者は協定を更新。次世代郊外まちづくりは新たなフェーズへと突入している。モデル地区での取り組みを引き続き進め、歩いて暮らせる生活圏の中で、暮らしに必要なまちの機能を柔軟に配する「コミュニティ・リビング」の実現と共に、「次世代郊外まちづくり」のこれまでの成果を、地域の特徴にあわせて、東急田園都市線沿線のその他の地域へ展開していくことを目指している。

本章では、この第2フェーズにおける次世代郊外まちづくりの活動方針と合わせて、コミュニティ・リビングの実現に向けて具体的に動き出したプロジェクトを見ていきたい。

●第2フェーズにおける活動方針と2017年度の取り組み

東急電鉄と横浜市は次の5つの取り組みを第2フェーズ（2017〜2021年度）の活動方針として提示している。

①多様な人々が参加可能なコミュニティ形成をはかります
②郊外住宅地での新たな就労のあり方や働き方を提言します
③まちぐるみでの保育・子育ての実現に取り組みます
④健康でいきいきと暮らせるまちづくりを目指します
⑤新しい暮らし・住まいのあり方を提言します

⑥次世代郊外まちづくりの情報発信を更に強化します

また２０１７年はそれら活動方針にそって、さまざまな具体的な取り組みが、活動拠点として美しが丘２丁目に同年整備された施設「ＷＩＳＥ　Ｌｉｖｉｎｇ　Ｌａｂ」を中心に動き出している。７月から始まった「サポート企画」では、「①コミュニティの形成」を目的に、まちづくりや地域のつながりを生む活動を行う住民に企画書を提出してもらいＷＩＳＥ　Ｌｉｖｉｎｇ　Ｌａｂの共創スペースを無料で提供することで、活動の支援を行っている。

12月には、「③まちぐるみでの保育・子育ての実現」を目指して２０１４年から実施してきた「子ども・子育てタウンミーティング」に加えて、「ファミリーリソースプロジェクト」が始動している。これは、子ども・子育てタウンミーティングに参加してきた、保育園や小学校、ＰＴＡやＮＰＯ団体など、子育てにかかわる人々から、「地域に顔見知りが増えて、声がかけやすくなった」、「この動きをまちにも広げて、より良い地域にしていきたい」、「同じ世代の子どもを持つ人の環境や考え方、状況を知りたい」といった反響があったことを受けてスタートさせたものだ。これまで培った子育てを支援する側のネットワークに加えて、子育ての当事者であるパパやママや子どもたちも参加し、交流することができる内容とした。イベントではＷＩＳＥ　Ｌｉｖｉｎｇ　Ｌａｂの共創スペースを中心に、子育てに関連するセミナーや、子どもグッズ交換会、手作りおもちゃのワークシヨップなどを行っている。今後も回数を重ねていく予定だ。

また、「④健康でいきいきと暮らせるまちづくり」を推進するため、健康をテーマとした連続セミナーを定期的に開催。「ガン」や「認知症」の予防から「食事」「運動」「睡眠」といった生活習慣に至るまで、さまざまなテーマを取り上げている。

子育てや健康など、普通に暮らす地域住民にとって関心の高い内容にすることで、次世代郊外まちづくりの活動に参加してもらい、まちづくりに関心をもつ層の裾野を広げていくことを目指している。

ファミリーリソースプロジェクト

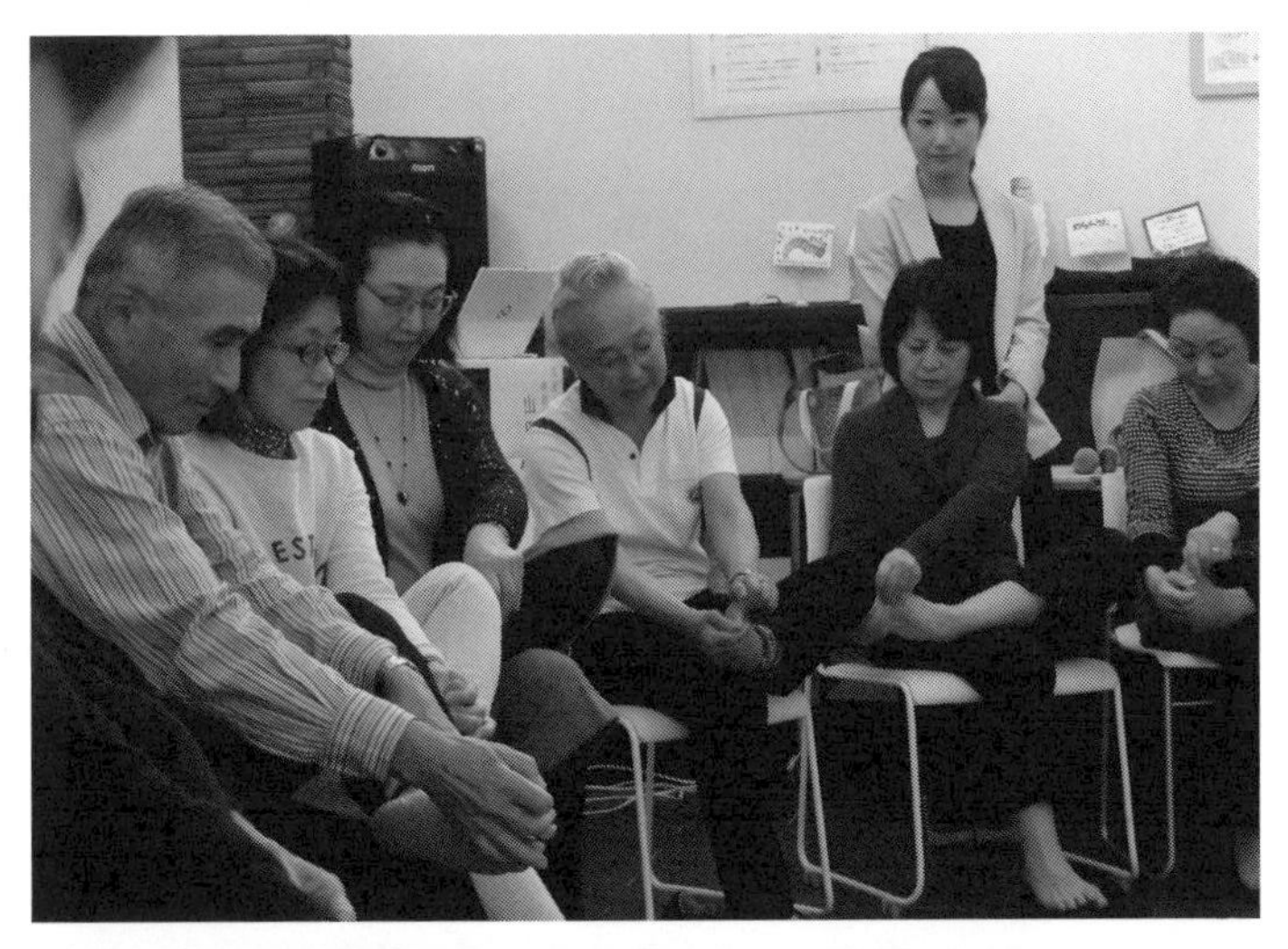

健康まちづくりセミナー

●共創と実験の場「WISE Living Lab」

「次世代郊外まちづくり」が目指すまちの将来像「WISE CITY」を体現する、コミュニティ形成の活動拠点として誕生したのが、先述した「WISE Living Lab」である。次世代郊外まちづくりの情報発信や基本構想に基づくプロジェクトなどの活動を行う場であり、モデル地区のほぼ真ん中に位置する。

愛称は「さんかくBASE」。施設の敷地が三角形であることに加え、多くの地域住民に「参画」してもらい、まちづくりに関して考え、ともに行動する機会をこの場で生み出していきたい、そんな想いが込められている。

WISE Living Labは、3棟の建物から構成されている。西棟は「エネルギーと暮らしのギャラリー棟」で、「家庭のIoT化」を体感することができる。中央棟は「コミュニティと住まいのコンサル棟」で、「次世代郊外まちづくり」の活動テーマにもとづいて実施する各種セミナーやワークショップを開催し、コミュニティの醸成と地域活動・活性化の場となる「共創スペース」を併設。東棟は「まちづくりと住まいのギャラリー棟」として、東急多摩田園都市や次世代郊外まちづくりの歩みを情報発信する展示コーナーや、その具現化に向けた1号プロジェクトである「たまプラーザ駅北地区地区計画」に定められる集合住宅「ドレッセWISEたまプラーザ」のモデルルームをはじめ、地域に開かれたカフェ「PEOPLEWISE CAFE」で構成されている。

ＷＩＳＥ　Ｌｉｖｉｎｇ　Ｌａｂが建つ土地は、東急電鉄が所有し、一部は事業用定期借地で長く貸し出していた。横浜市との包括協定から5年目を迎える２０１６年に、契約期間が満了し、更地で返還されるタイミングが重なった。これまでの次世代郊外まちづくりの取り組みの中で、コミュニティの形成やまちづくりに関連する情報発信をする場がいかに大切か、また住民が集える場所があることでいかに活動が活発化されるかを実感していたことから、この土地をＷＩＳＥ　Ｌｉｖｉｎｇ　Ｌａｂとして整備することになった。計画が持ち上がった当初、現在、ＷＩＳＥ　Ｌｉｖｉｎｇ　Ｌａｂが所在する青葉区美しが丘2丁目は、住居系専用地域で、東棟の計画は現在の用途地域では建設できない土地であったが、横浜市と何度も協議を重ね、建築基準法に沿って用途地域における建築等許可の手続きを進めることになった。

東棟の設計を手掛けたみかんぐみの竹内昌義氏は、こう話す。

「横浜市は住居系専用地域が発達しているので、住宅地は住まいしかない。そこで、住民が高齢化していくとどうなるのか。これから本当に考えなければいけない問題です。でもそれを考えて、暮らしのインフラをどう整備していくのかは、一般的には行政の仕事。それを民間企業の東急電鉄が、

ＷＩＳＥ　Ｌｉｖｉｎｇ　Ｌａｂを通して実現していこうとされている。そのことがとてもおもしろいと感じます。ＷＩＳＥ　Ｌｉｖｉｎｇ　Ｌａｂから先に広がる美しが丘の住宅地や団地と、どのようにかかわりを持たせるのか、前哨基地的な位置付けがＷＩＳＥ　Ｌｉｖｉｎｇ　Ｌａｂにはありました。だから周囲とどのように調和させるのかを意識して、隣の公園と連携させるよう、公園側にある建物にデッキをつけて、公園の延長線上にＷＩＳＥ　Ｌｉｖｉｎｇ　Ｌａｂがあるような配置にして、広くスペースを使えるようにしました」

■WISE Living Lab（さんかくBASE）見取り図

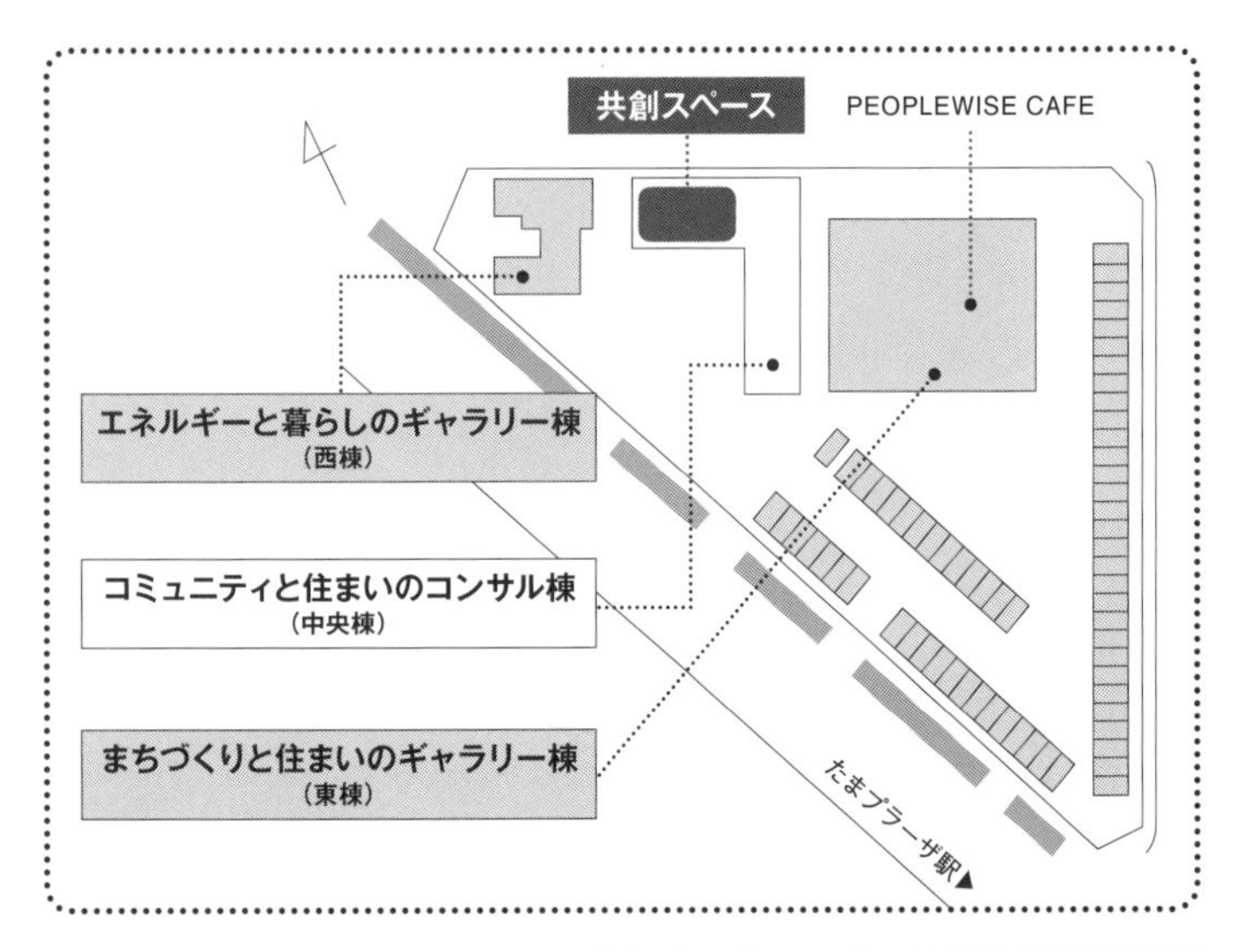

WISE Living Labの中央棟

WISE Living Labの中央棟・共創スペース

PEOPLEWISE CAFE

ＷＩＳＥ Ｌｉｖｉｎｇ Ｌａｂは、コミュニティ形成の活動拠点としてまちづくりを担う人材の裾野拡大や持続可能な仕組みづくりのための共創の場であると同時に、「リビングラボ」の実験の場でもある。

２０１７年１月に開催された、ＷＩＳＥ Ｌｉｖｉｎｇ Ｌａｂ「共創スペース」のお披露目会では、東京大学高齢社会総合研究機構の秋山弘子特任教授を講師に迎え「リビングラボってナニ？」と題して、リビングラボの成り立ちや活用事例、どんな役割を担う場所なのかということが、わかりやすい言葉で説明された。

そもそもリビングラボとは、生活しているコミュニティが企業や行政と共創し、ラボ（実験室）として機能する場のことを指す。秋山教授によれば、企業のテストマーケティングを実施するためのものから、コミュニティ形成に重点を置いたものまで事例はさまざまあるが、本質的には、住民、企業、行政、大学などが参画し、モノやサービス、あるいは行政施策などを共創していく場のことを指すという。

さらに９月から「リビングラボ勉強会」をスタートさせ、地域住民と共にたまプラーザ版リビングラボの模索も始まっている。

リビングラボ勉強会の様子

●美しが丘1丁目計画「ドレッセWISEたまプラーザ」

第2章で紹介した「グランドデザイン」で描かれた、郊外住宅地に必要な機能や住宅の持続・再生方法を具現化する第1号モデルプロジェクトが、たまプラーザ駅から至近の距離にあった日本生命保険（以下日本生命）の社宅跡地の開発（美しが丘1丁目計画）である。

たまプラーザ駅徒歩4分というこの場所に、地域のコミュニティ形成に資する広場を整備し、地域に必要とされる「保育子育て支援機能」「身近な就労機能」「多世代コミュニティ機能」などの地域利便施設を備えた分譲マンションを建てるという東急電鉄、三菱商事、三菱地所レジデンス、大林新星和不動産の4社による計画だ。

これまで次世代郊外まちづくりでは、コミュニティ形成や住民活動の支援に重点を置き、地域の宝である人材を掘り起こし、住民主導型の取り組みを進めてきた。だからこそ計画を進めるにあたり、これまで以上に住民への丁寧な説明と理解が必要となる。そこで2015年10月には地区計画制定に向けた任意の説明会を開催したところ、反対意見が出ないという珍しいことが起きた。

「必要な機能をどのように地区計画にいれるのか。それを判断するのは〝必要なものとは何か〟という問いから始まります。何が必要なのかを検討するときに、その発想を後押ししているのは、これまでワークショップなどで顕在化してきた住民の声。美しが丘1丁目計画への住民の反応は、住民創発プロジェクトやワークショップで整理してきた成果だと推察します」と東京大学大学院の小泉秀樹教授は分析する。

２０１９年春に全面オープン予定のこの施設は、「ドレッセＷＩＳＥたまプラーザ」と名付けられ、総戸数２７８戸の分譲マンションに加え、低層階には、ＷＩＳＥ　ＣＩＴＹ実現のため「コミュニティ・リビング」の考え方をデザインした地域利便施設「ＣＯ‐ＮＩＷＡたまプラーザ」が備わっている。このＣＯ‐ＮＩＷＡたまプラーザは先述した３つの機能を具体化する施設や広場から構成されており、住民自身が楽しいと思えるような活動に取り組んでもらい、住民創発プロジェクトに続くような活動が次々と生まれ、今まで育ててきたシビックプライドがもっと大きなものへと成長していく場所を目指している。また郊外における子育てや働き方を支援する場所にするといった目的もある。

さらにこのＣＯ‐ＮＩＷＡたまプラーザは、暮らしのインフラが集まるよう計画され、居住者だけでなく、地域の人たちにも開放される。合わせてこのコミュニティが形成される仕組みが機能するように、横浜市の郊外住宅地で初となるエリアマネジメントの取り組みも始まろうとしている。

これに先立ち２０１６年10月、東急電鉄と横浜市は「エリアマネジメントに関する協定書」を締結している。また、施設内に地域利便施設を整備することと、敷地内における広場状空地、建物の間を自由に通れる貫通通路の整備により、歩行者の動線の向上や賑わいの創出を目指すことを目的に、地区計画の変更を実施。これにより、建築物の用途や高さ、容積率の緩和がなされた。

今回の取り組みでは、企業と行政がルールをつくり、行政による規制誘導手法を駆使し、地域利便施設のような、将来まちに必要な機能を企業が建設するマンションに入れた。そのかわりに、高さや容積はまちの環境を壊さない範囲内で一部緩和し、規制緩和の対象になった施設がきちんと機能するよう、民有地にエリアマネジメントを導入するという流れだ。

通常、デベロッパーは収益を上げるため、マンション評価が高くなるような立地の良い場所を探し、なるべく短工期で仕上げ販売する。そんなビジネスモデルが基本にある中で、持続的にまちづくりにかかわっていくために、一部を地域利便施設にしてさまざまな交渉を重ね、規制緩和にまで踏み込み手間と時間をかけながら、プロジェクトを推し進めている。従来はデベロッパーの仕事の範囲と考えられてこなかった、規制緩和にまで取り組んだ国内でも類を見ないマンションが誕生しようとしている。

こうした企業と行政の協働にあたり、ポイントとなるのは、パートナーシップだ。行政と民間企業では、使う言語や思考も違うことを理解し、互いの考えを尊重しながら、信頼関係を築いていかなければならない。関係構築のためには、可能な限り情報をオープンにし、互いがイコールパートトナーの関係だと伝え続け、明確に大義を示すことが重要である。次世代郊外まちづくりの主役は住民であるからこそ、誰がいつ決めたのかわからないようにすることを極力避け、郊外の再構築を行うという大義名分が提示され続けた。こうしたパートナーシップの築き方は、行政と民間企業の間に限らない。取り組みにかかわる有識者やコンサルタントなども同様、次世代郊外まちづくりにかかわる人全員がフラットなパートナーシップを築くことを目指してきた。

居住者や地域住民のにぎわいの場となる「CO-NIWAテラス」。敷地の東西をつなぐ階段状の広場（上）。並木の美しいユリノキ通りに沿ってつくられる遊歩道型のオープンテラス（下）

居住者以外も利用可能な地域利便施設「CO-NIWAたまプラーザ」では、郊外住宅地において「就労の機会」を支援していることにも注目しておきたい。第1章で紹介した基本構想にもあるとおり、住むことに特化してきた郊外が持続していくには、新しい住民を迎え入れるようなまちの多様性が求められている。都心に通勤するライフスタイルが浸透してきた郊外であるが、職住近接のライフスタイルが求められる時代において、「働く」をどうデザインしていくかは、今後の大きなテーマだ。

「若い世代は、職と住を明確に区分したこれまでとは異なる新しいライフスタイルを強く希求しています。その新しいライフスタイルの1つのモデルを作り出すことが、次世代郊外まちづくりには求められており、職の場としての価値を一層追求してほしい」と東京大学大学院の小泉教授も期待を寄せる。「CO-NIWAたまプラーザ」での取り組みが、郊外における「働く」の場を切り拓く一歩になるかもしれない。

●行政との連携によるまちづくりの広がり

「ドレッセWISEたまプラーザ」では、横浜市と新たなルールをつくり、地域利便施設と、エリアマネジメントの導入で、居住者だけでなく周辺住民も含めた、地域のコミュニティ活性化を目指しているが、この枠組みが、同じ横浜市の他地域でも試みられている。

横浜市緑区十日市場町周辺地域では、横浜市による「持続可能な住宅地モデルプロジェクト」が動き出した。

2016年3月、JR横浜線「十日市場」駅から徒歩約5分に位置する、横浜市緑区十日市場センター地区の20、21街区において、東急電鉄、東急不動産、NTT都市開発の3社が事業者として、横浜市とモデルプロジェクト基本計画をまとめ、事業実施協定を締結した。

同プロジェクトが目指すのは、①多様な世代・家族が交流し支え合う、いきいきとした暮らしの実現、②緑豊かで賑わいを感じられるシンボル空間の創出、③まちの活力を維持するため、さまざまな主体が地域社会を協働運営する仕組みづくりの3つだ。

具体的な取り組みとして、20街区には、多世代向け分譲マンション「ドレッセ横浜十日市場」、21街区には、シニア住宅「クレールレジデンス横浜十日市場」を中心とした賃貸住宅、戸建て住宅を整備する。加えて、両街区の低層階には、ミニスーパーなどの生活利便施設を設置する。

また、子どもたちの遊び場や地域イベントの会場としても活用でき、周辺地域の住民を含めた交流を可能とするコミュニティスペースや広場の整備、高齢者向けデイサービスの提供や、保育所などの設置などを掲げ、住民入居後5年間でエリアマネジメントなどを住民主体の活動として自立させることを目標としている。

今後は、横浜市、民間事業者、住民が連携し、プロジェクトやエリアマネジメントを通じて、魅力ある十日市場ブランドの創造や地域の価値向上、街の活性化を図っていきたい考えだ。

十日市場駅周辺では持続可能な住宅地モデルプロジェクトを実施

十日市場センター地区での取り組みから見てもわかるとおり、美しが丘での「次世代郊外まちづくり」の過程で得られた、まちに必要な機能の配置の考え方や、行政・住民との連携の仕方、仕組みづくりは、持続可能な住宅地を考えるうえでの大きな財産となっている。

また、東急電鉄は横浜市以外でも行政との連携によるまちづくりを進めている。「南町田拠点創出まちづくりプロジェクト」もその一つだ。

田園都市線南町田駅周辺において、町田市とまちづくりに関する協定を締結し共同で推進している「南町田拠点創出まちづくりプロジェクト」に基づき、隣接する駅や鶴間公園と一体となった新たな商業施設の開発計画に２０１７年２月着手した。このプロジェクトは、２０１５年町田市により策定された「南町田駅周辺地区拠点整備基本方針」に基づくものだ。自然とにぎわいが融合した魅力的な拠点空間として、新たなまちの魅力を創り出すとともに、ここでも、高齢化や人口減少の動向を見据え、新たな住民の流入や地域の住み替えサイクルによる世代間の循環やバランスのとれた人口構成の維持、地域住民やまちを訪れる人々を交えた活発なにぎわいと交流により、良好な住宅市街地とコミュニティを次世代につなげていく持続可能なまちづくりを目指す。

駅・公園・商業施設の周遊性向上および周辺環境と調和した商業施設によるにぎわいの創出を目的に、同年（２０１７年）２月に閉館した「グランベリーモール」の敷地を再整備する計画で、

２０１９年秋の開業を予定している。

施設コンセプトを「生活遊園地〜くらしの『楽しい』があふれるエンターテイメントパーク〜」とし、「街歩きの楽しさを感じられる買物空間」と「食」「遊び」「ライフスタイル」などをテーマにした体感型施設「くらしのエンターテイメント空間」を備えた商業施設、豊かな自然を感じながら異なる楽しみ方ができる広場で構成され、新しい暮らしの拠点となることを目指している。

次世代郊外まちづくりでは、第１フェーズからの取り組みがさまざまな局面で成熟し、第２フェーズでは、「ＷＩＳＥ　Ｌｉｖｉｎｇ　Ｌａｂ」や「ドレッセＷＩＳＥたまプラーザ」など、コミュニティ・リビング実現に向けた施設が誕生、郊外住宅地に適したエリアマネジメントの模索が始まっている。東急電鉄は、この先進的ともいえる新しい産学公民連携の取り組みを、美しが丘にとどまらず、持続可能なまちづくりを目指して、多摩田園都市エリアへの拡大を試みている。

南町田駅周辺では拠点創出まちづくりプロジェクトが進んでいる

■モデル地区の今

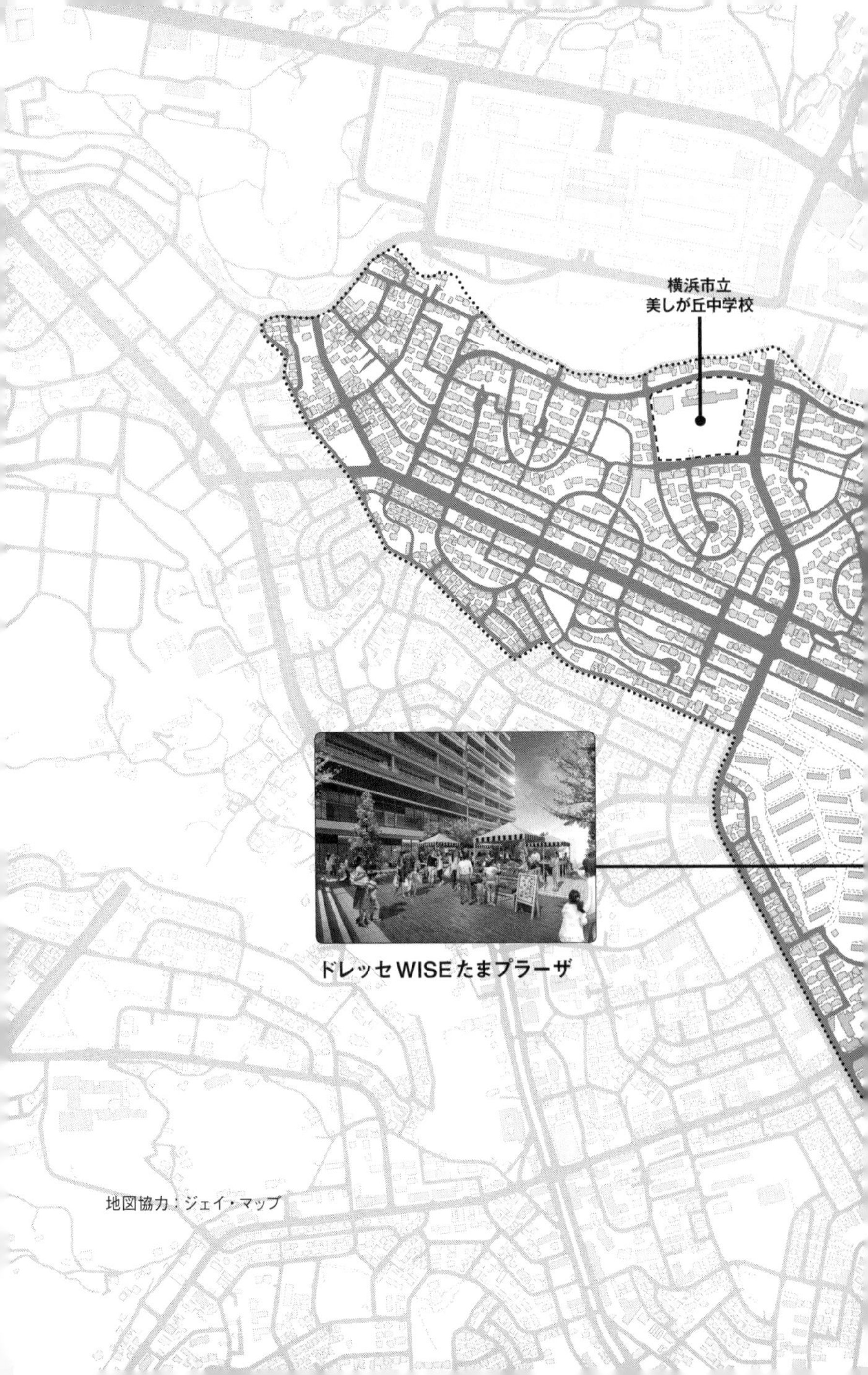

地図協力：ジェイ・マップ

第４章

郊外におけるまちづくりのこれから

次世代郊外まちづくりの第1フェーズが基盤づくりであったとすれば、コミュニティ・リビング実現にむけて動き出した第2フェーズで考えなければならないのは、ここまで育んできたコミュニティ形成や人材発掘・育成の仕組みをいかに「維持・拡張」するかだ。取り組みの維持・持続については、多くのまちづくりの主体が直面している課題であり、組織体制の変化や人員の変動により、活動の維持が難しくなることは珍しくない。

また産学公民による共創という新たな手法で取り組んできた次世代まちづくりにおいて、東急電鉄のような同じエリアで長時間をかけて継続的にまちづくりを行う企業が、持続のフェーズでどのような役割を担っていくべきかについても重要なポイントとなる。

本章では、郊外住宅地の再生を進める中で東急電鉄が構想している、エリアマネジメントの枠組みや展望もふまえ、郊外におけるまちづくりのこれからについて考えてみたい。

●価値創造型のエリアマネジメントへの挑戦

次世代郊外まちづくりにおいて培ってきた行政と企業と住民が協力しあう共創のかたちを継続的に動かしていくためには、「具体的なメカニズムや社会的な仕組みが必要」と指摘するのは、住民創発プロジェクトの仕組みづくりやＷＩＳＥ　Ｌｉｖｉｎｇ　Ｌａｂの構想に協力してきた東京大学大学院の小泉秀樹教授だ。

第1フェーズでは住民創発プロジェクトによって、住民によるいくつかの活動が生まれた。このプロジェクトを通じて住民が自分のまちに愛着と誇りを持ち、行動を起こし自立していくためにはどのようなシステムが必要なのかが見えてきたが、第2フェーズでは、主体的に活動を行う住民を継続的に支援、育成する仕組みのデザインが課題となる。

「これまで対症療法で行ってきた活動をルール化するだけで、継続的で展望のあるかたちに展開しやすくなります。例えば住民創発プロジェクトでは、住民による駅前イベントの開催を実現するために、東急電鉄や横浜市が会場の交渉を行っていました。これを、どのような手続きを踏まえれば公共空間が利用できるのかまでルール化すれば、新たに活動を始める他の団体を支援でき、エリアマネジメントに発展する可能性もでてきます。そのようなことを通じて住民創発プロジェクトで生まれた団体を中心に、他の住民や団体の活動を育成する中間支援組織が登場し、エリアマネジメントに継続的に携わっていくことも期待されます」と東京大学大学院の小泉教授は言う。

第3章でも触れたが、第2フェーズでは、美しが丘1丁目計画が動き出し、東急電鉄は、「横浜市エリアマネジメントに係る協定等の事務取扱要綱」に基づき、エリアマネジメント計画の策定を行い、マンションを含む周辺地域の新たなエリアマネジメントの実践を目指そうとしている。小泉教授が指摘するような仕組みが実現できれば、第1フェーズで培ってきたネットワークや知見が、広範囲のエリアマネジメントへと昇華し、郊外住宅地における新たな価値創造の一歩となりそうだ。

エリアマネジメントとは、国土交通省によれば、「地域における良好な環境や地域の価値を維持・向上させるための、住民・事業主・地権者等による主体的な取り組み」とある。人口減少に伴う地域間競争が加速するなかで、土地開発によるまちづくりに頼るのではなく、維持管理・運営まで考えた開発への注目が高まり、行政においてもエリアマネジメントの模索が行われている。

横浜市がエリアマネジメント要綱の基本的な考え方を解説した「横浜市市街地整備におけるエリアマネジメント計画策定の手引き」では、エリアマネジメントに期待される効果には、地域環境や景観の向上、賑わいの創出、経済の活性化及び地域コミュニティの形成が挙げられており、それらによって地域に対する愛着の向上、定住意識の高まり、リピーター増加などにつながるとしている。

次世代郊外まちづくりのモデル地区である美しが丘には、以前から街づくりアセスメント委員会が自治会ベースで存在し、街並みを維持しながら、地域のブランド力を高めており、住民たち自身で環境をよりよいものにしていこうというエリアマネジメント組織といえるものがすでに存在していた。一方で、東急電鉄が美しが丘1丁目計画を通じてこれから実施しようとするエリアマネジメントは、限定された施設のマンション居住者や事業者が参画するエリアマネジメントに端を発し、自治会や商店街、行政や住民創発プロジェクトで生まれた団体など多様な人々と連携することでまちへの広がりを目指している。いまある価値を紡ぎ、新しい風を入れることで、持続的に事業を行い、マンションだけでなく広域における地域の価値を高め、新たな郊外のあり方をつくりあげることれまでにない「価値創造型」のエリアマネジメントである。

大規模な住宅の開発で新しい住民が一斉に流入することとなったとき、こうしたエリアマネジメントが有効に機能すれば、コミュニティ形成に大きく貢献するだろう。

「これまでのエリアマネジメントは、その多くが、企業が土地を持っているような商業地区や、行政が所有する公有地を活用したものでした。しかし、美しが丘1丁目計画では、他の民間企業の所有地で企業が行政とパートナーシップを持って取り組むというチャレンジがありました」と小泉教授は評価する。

東急電鉄が横浜市とのエリアマネジメント協定の締結にあたり、2016年に策定した計画では、WISE　Living　LabやドレッセWISEたまプラーザ内の地域利便施設を拠点としながら、東急電鉄がコーディネーターとなり、住民団体と連携しながら活動し、やがては連携協力先から育った支援組織がエリアマネジメントのコーディネーターへと成長していく、ステップを描いている。

一般的にエリアマネジメントにおける財源は、エリマネ組織による会費や出資金、広告事業、行政による事業の受託といった事業収益などがある。一方で、住宅地におけるエリアマネジメントの新たな収入源の可能性の一つとして、期待がかかるのが、ＷＩＳＥ　Ｌｉｖｉｎｇ　Ｌａｂで実験的に進めている「リビングラボ」である。

「住民と企業、自治体、学術機関などの関係者が共創する場であるリビングラボでは、商品・サービス、地域課題への取り組みなどのアイデアを生活の場に近い形で実際に試し、改善を繰り返しながらイノベーションを起こすことができる活動です。例えば、共創の場としてまちに常設されたＷＩＳＥ　Ｌｉｖｉｎｇ　Ｌａｂのような場において、事業者の開発ニーズに即した住民モニターをセッティングできれば、コーディネートフィーを得られる可能性もあります」と小泉教授は言う。

例えば坂の多い郊外住宅地での移動や、高齢者が健康に暮らすためのウェルネスなど、郊外の価値を高め、エリアマネジメントにつながる商品・サービスのアイデアがリビングラボで研究され、新たなコミュニティ・ビジネスが生まれることで、エリアの価値が高まる可能性も秘めている。

住民がリビングラボのテーマを決めていくようになれば、さらなる盛り上がりがみられるだろう。ここでの楽しさが伝播すれば、既存の住民だけでなく、ここに住んでみたいと言う人が出てくるかもしれない。

第1フェーズでは、専門家による部会を基軸に、地域包括ケアやエネルギーなどについての取り組みを深めていったが、第2フェーズでは、ＷＩＳＥ　Ｌｉｖｉｎｇ　Ｌａｂを中心に住民と企業の共創によって、社会課題に挑む動きが出てくることも期待される。

●まちを下支えする条件をデザインするのが企業の役割

東急電鉄が構想しているのは、産学公民の共創のかたちを持続させながら、エリアの価値を高めていく郊外住宅地における次世代型エリアマネジメントだ。これを成り立たせるのは、①住民の活動・事業の支援②地域のサービスイノベーション（リビングラボ）③公共空間のマネジメント（広場や地域利便施設など）の3つの連携だと小泉教授は見ている（155ページ図）。

「①②③は連動していて、例えば、②のリビングラボで出てきたアイデアについて、実際に企業とコラボレーションした事業を実施してみたいという住民団体が①で出てきたら、③の公共空間を貸し出したりしながら活動の場を広げ、実現に向けてサポートする、といった連携ができます。②のサービスイノベーションや③の公共空間のマネジメントにおいては、収益事業化ができますから、最初は、東急電鉄や行政からの資金や人的支援が必要でも、中間支援組織が育ち、運営資金を確保して自立できるようになるはずです。そうなれば、東急電鉄がこの仕組みを他の郊外住宅地でも広げていくような横展開もできるのではないでしょうか」

①②③において、どんな活動主体がどのようにかかわっていけばいいのかは、エリアマネジメントの成熟度にあわせて変わってくるだろう。住民も企業も、行政も含めてかかわる人々が、WINWINとなる座組みをどのようにしていくか。このデザインこそがキーになりそうだ。

まちづくりにおいては、特定のキーマンといわれる人材がいなくなると活動が維持できない、といった課題も起こりやすい。従って継続的にその地域に住まうであろう住民の活動・事業の支援（①）において、新しい人材の発掘を強化したり、将来を担う子どもたちや学生とのつながりを積極的に持つ、といった取り組みをしていくことが必要と考えられる。公共空間のマネジメント（③）においては行政との連動がより問われる部分だ。全国的に河川、公園、道路などの規制緩和が進み、昨今ではパークマネジメントなどへの市民参画が増えている。例えば広場が面している道路と一体化すれば、人が滞留し利用価値が上がることが期待される。公共空間のマネジメントは地域の価値を高めていく上では大事なポイントとなる。

■まちづくりを支える新しい仕組み―住宅地型エリアマネジメント

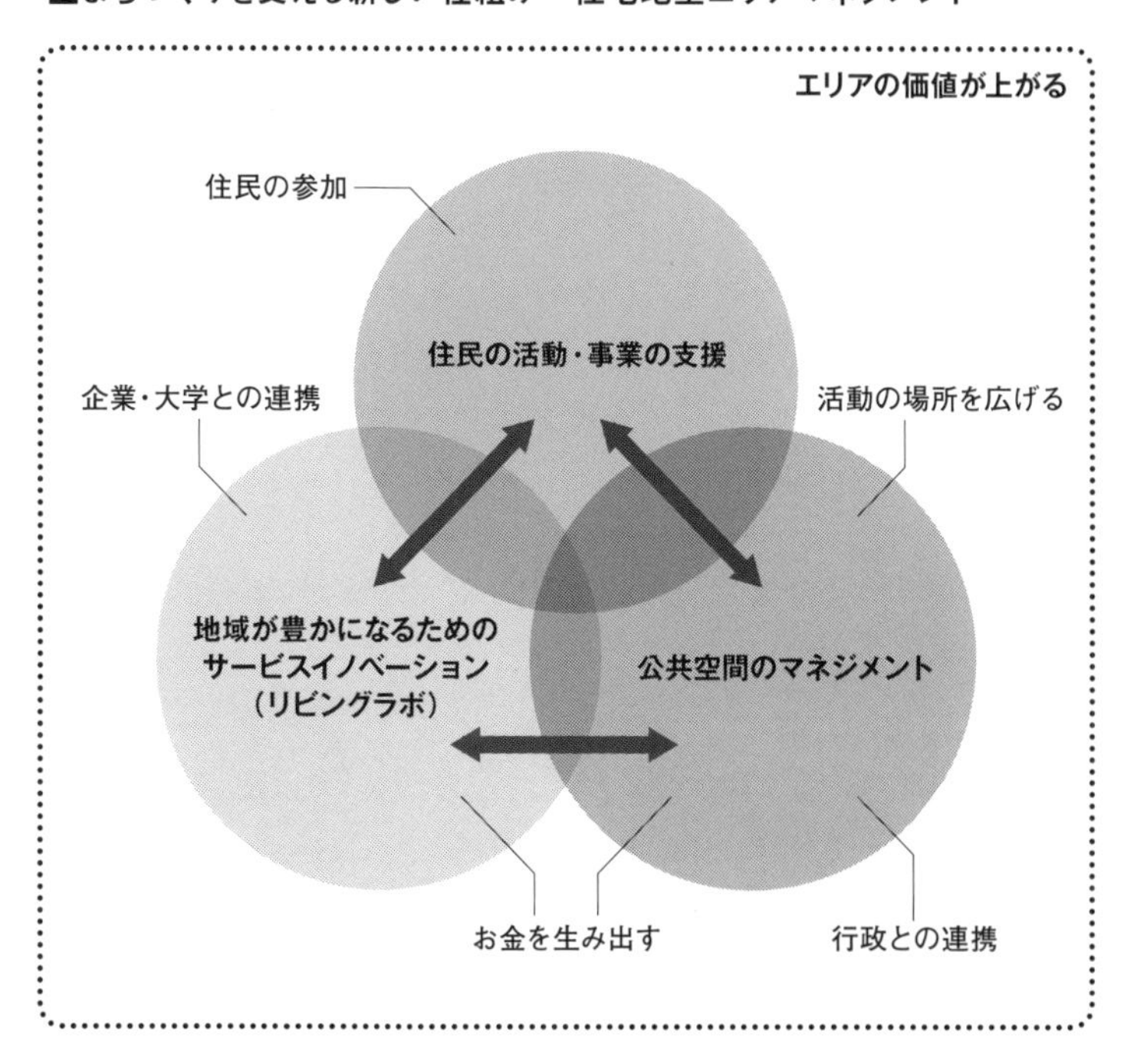

そして企業が、エリアマネジメントにかかわるうえで、避けて通れないのが取り組みへの評価だ。「地価が下がっていない」「新規の流入者が増えた」「新規雇用が生まれた」など、ソーシャルインパクトをどのように評価するかについてが重要になる。

例えば豊かさの備わった公共空間や美しい景観は、まちへの愛着を育み、他の地域にはないブランドとなるが、そうした価値は10年20年というスパンの長い時間経過の中で価値が発揮されるものだ。エリアマネジメント組織についても、長期的スパンで運営していく必要がある。だが、こうした時間軸は、ときに企業内の短期的な評価基準とは合致しにくい。こうした場合は、公共空間の利用の質や数などを測る、定期的なモニタリングが必要だろう。

地域への人口流入が多い時代には、デベロッパーや土地の持ち主、行政が開発をし、行政サービスが行われることによって地域の価値が保たれてきた。だが人口減少社会を迎え、積極的に地域の強みを打ち出し、住民の地域への愛着を醸成しながら地価を維持していく時代には、住民からの共感が得られるような地域の維持・運営も見据えた開発が求められていくだろう。地域に資する企業の活動は住民からの信頼につながり、地域の価値を創造し衰退を未然に防ぐことになる。

美しが丘でのエリアマネジメントの取り組みはまさに始まったばかりだが、ここでの成功体験や仕組みのデザインが共有され、郊外での新たな価値創造のあり方が生み出されれば、全国の郊外住宅地にとっての希望になる。

次世代における郊外住宅地のまちづくりでは、そこに暮らしていく人々が、まちの一員としての実感をもって暮らし時間を経ていくことで、地域に価値が生まれる。それをつくるのは住民と行政だけでなく企業もそのひとつだ。

コラム

働ける、郊外住宅地へ

東京急行電鉄

私たち東急電鉄にとって、この次世代郊外まちづくりは、東急多摩田園都市という先人たちが築いた自然豊かで安心安全な郊外住宅地の「豊かさ」を、テクノロジーの進歩や経済状況や社会構造の転換によって生じる生活者の価値観の変化を捉えながら再定義する意味も持ち合わせています。その背景には、社会・経済の変化や成熟したまちが必要とする機能などさまざまな要素があり、私たちは、これから起こりうる変化の先を見据えながら試行錯誤を繰り返しています。

郊外住宅地の再定義には、その豊かさを「持続」させるための仕組みを埋め込むことも含まれています。そのひとつが本章で取り上げられているエリアマネジメントであり、もうひとつ、私たちが注目しているのは「働く」です。エベネザー・ハワードが提唱した田園都市論は、実は自立した職住近接型の都市を郊外に建設するものでした。職住近接を実現することは、その都市における経済循環を生み、都市の持続性を支えるものとなります。そうしたことから私たちは、郊外住宅地をそれまでのベッドタウン(=寝に帰るところ)から、「住み」「働き」「暮らす」要素をあわせもつところにしていきたいと考えています。郊外住宅地に新しく生まれる「働く」は、これまで都心部に多くある企業などのワークプレイスが郊外住宅地に移り、住まいに隣接するだけではありません。都心部にワークプレイスがある人が住まいの近くでも働けるサテライト的な場所があったり、起業したり企業に所属しない立場の仲間が集まって働くオフィスがあったり、企業から仕事を請け負って自宅の近くで仕事をしたり、収益のある仕組みをもった地域・社会貢献活動が行われるなど、さまざまなことが考えられます。こうした活動や場は、若者の流入を促し、多様な人を呼び込む装置となりえると考えています。また、それまでは自宅にいた子育て中の人々や、リタイアしたシニアにも活躍の機会を提供することになるでしょう。介護で都心部での就労から離れている人が働けるようにもなるかもしれません。こうしたことをつきつめていくと「働く」とは何かをも問うことになるのでしょう。

将来的には、従来の自治会の枠組みを超えて、住宅地における価値創造型のエリアマネジネントなど多様な人がまちへかかわる仕組みや機会をつくり出すことで、住む人だけでなく働く人々も同様にまちへの愛着が増し、新しい地域活動がうまれるのではと考えています。そうした意味で「住む」だけでなく、そこにいる人々がいきいきと「働き」「暮らす」郊外住宅地の新しい価値を生み出すために、私たちは、まちの一員として、愛着を持って、さらなる活動を続けていきたいと思っています。

【特別寄稿】

プレイヤーの一人として、まちを経営する企業でありたい

東京急行電鉄株式会社　取締役会長　**野本弘文**

◆日本一住みたいまちに必要なのは「安心」と「快適」

当社はおかげさまで2022年に創立100周年を迎えます。100周年という節目の年を迎えるにあたり、当社がこうありたいという姿を、2015年4月から進めてきた中期3カ年経営計画「STEP TO THE NEXT STAGE」に示していますが、ここでミッションとして掲げているのは、東急沿線が「選ばれる沿線」であり続けるための3つの日本一の実現です。

・日本一住みたい沿線　東急沿線
・日本一訪れたい街　渋谷
・日本一働きたい街　二子玉川

この3つの日本一の中の、「日本一住みたい沿線」の実現におきましては、当社と横浜市とが締結し進めてきた「次世代郊外まちづくり」のモデル地区に選定された、たまプラーザ駅周辺での取

り組みが先駆的な事例となると確信しています。

「日本一住みたい沿線」を目指して、当社が具体的にどのようなまちづくりを展開しているのかは本文を参照いただければと思いますが、ここでは「日本一住みたい街」とは、どんなまちなのかについて考えてみたいと思います。


たまプラーザ駅は東急田園都市線の一駅です。鉄道を走らせている当社からすれば、たまプラーザ駅周辺が「日本一住みたい街」となることが願いですが、人によって住みやすいと感じる要素は違います。それでも共通していえるのは「安心」であり、「快適」が得られるまちであることではないかと考えます。

「安心」で「快適」なまちに求められる要素は、緑が多く住環境に優れていることは無論のこと、公共施設の充実やインフラ整備が進んでいること。それから子育てしながら働く若いお父さん・お母さんにとっては、いざという時にお子さんを預けられる保育園や病院が整っていることなどでしょうか。老朽化して耐震性が気になる空き家が多いまち、極端に人口減が進むまちでは治安面も気になり、安心して住むことはできません。

◆私たちは住宅ではなく、まちをつくってきた

ありがたいことに多くの方々から、「なぜ東急沿線はあんなに活性化しているのか」と聞かれます。そのご質問に対する私の答えは明確です。それは東急電鉄が住宅をつくるのではなく、まちをつくることに主眼を置いてきたからです。住宅をつくることを目的にしていれば、どんな企業がつくったまちであっても、当然衰退するでしょう。

東急電鉄の前身である田園都市株式会社（1918年設立）による田園調布での住宅地開発の思想を引き継いだ五島慶太によって、多摩川台住宅地（現在の田園調布）の開発が行われたのは1923年のことです。田園調布は現在も、多くの方にお住まいいただき、均整のとれた街並みを維持し続けていますが、どんなに美しい住宅地が誕生しても、月日を重ねれば老朽化していくのは否めません。

しかし、先人から受け継いだ田園都市開発のノウハウをいかして数々の郊外住宅地を開発してきた当社では、年月を重ねた郊外住宅地を少しずつ整備しながら、常にまちのどこかが新しく再生されているようなサイクルを生み、進化させ続けてきました。そのサイクルづくりは、ほぼ同時期に開発された住宅地を一斉に再生していくという20世紀型の郊外住宅地の復活を目指すものではなく、21世紀の新しい郊外まちづくりのあり方、次世代に繋がるまちづくりへの布石でありました。

高齢化に少子化、人口減少が進む日本において、若い世代が都心部に移り住み、高齢者が多く住む郊外住宅地ではなく、多世代が共生し、若い世代も高齢者も安心して暮らせる場所として選んでいただくことが重要です。そのために安心材料を提供することや、安心して暮らせるためのメッセージを発信し続けることが私たちの責務といえます。その責務を遂行するためには、東急グループが一体となって総合力を発揮すること。駅周辺の拠点開発において、その場所を使うさまざまな動機づけを盛り込み、駅毎の役割分担を定めること。それと同時に、地域の資質を活かしたソフト施策（エコ、アート、エンターテイメント等）を展開しながら、わがまちの誇り（シビックプライド）を高めるなど、多角的な取り組みが必要でしょう。

美しが丘の住宅地で取り組んでいる「次世代郊外まちづくり」は無論のこと、神奈川県川崎市、東京都町田市といった行政と共に歩むまちづくりに参画させていただけているのは、こうした東急電鉄のスタンスに共感いただけているからなのではないかと感じています。

◆まちのプレイヤーたちと、共にまちを経営していく

たまプラーザのような郊外住宅地におけるまちづくりにおいて、最も重要なのは仲間ではないかと私は考えています。友達同士、家族同士といった狭い意味での仲間ではなく、広義に捉えた仲間

が必要です。例えば、女性の社会進出により見直されているワークスタイルイノベーションにおいては、毎日オフィスに出勤して働くというスタイルではなく、シェアオフィスの活用や在宅で働くといったバリエーションが求められています。女性だけでなく、現代人のワークスタイルが変化しているため、ライフスタイルまで含めたイノベーションが必要です。そこで重要なのは、従来のルールや手法にとらわれないこと。自分たちの正義を振りかざすのではなく、何が求められているのかを考えることです。

結局のところ、すべての中心に人がいるのです。

人は何を思って行動し、何を好み、どうして嫌がられるのかということを知らなければ支持されるものはできません。そして何よりも東急沿線で働く当社の社員が、自分たちの役割に誇りを持って働いていることが、その地に住んでくださる方の誇りにつながると私は考えます。そうやって良い気づきの連鎖を生んでいきたいです。

都市計画においても同様です。規制緩和の問題など、取り組むべきことが山積してはいますが、その中で重要なのはやはり人々が快適だと感じることの追求なのです。自社が儲かればそれで良しというのではなく、地域、人、もっと大きくいえば地球にとって何がプラスになるのかを考え、共に歩んでいくことです。

まちづくりにおいては、デベロッパーや行政、それから住民と、その地域に関係する数々のプレイヤーが存在します。将来の人口動態や働き方・暮らし方の変化などを見据え、それぞれが担う役割は違うかもしれません。しかし、このまちで何をすべきなのか、明確なビジョンを持つことが大事です。協調性を持って話し合いながら、将来像を共有できたら、良好な関係を築いていくことができるのではないでしょうか。つまり互いが支え合い、協力しあえる仲間になるのです。地域や行政と対等な立場で議論し、信頼関係を築きながら各々が主体的にまちづくりにかかわり、皆でまちを経営していく――。

その上で当社は、今後も東急電鉄流のまちづくりにコミットメントしていきます。東急電鉄の各事業にとどまらず、東急グループのさまざまな事業と連携することで、新しい価値を提供し続けながら、「日本一住みたい街」の実現にむけて尽力していく所存です。

その先駆的なモデルケースとなるのが、東急田園都市線の沿線にあるたまプラーザ駅周辺、美しが丘1・2・3丁目で行ってきた「次世代郊外まちづくり」であることを願ってやみません。

■東急多摩田園都市と東急電鉄の流れ

年代	年	東急多摩田園都市と東急電鉄の流れ	多摩田園都市人口の推移	社会一般
東急電鉄前史	1918	渋沢栄一、理想的な住宅地「田園都市」の開発を目的に、田園都市株式会社を設立		
	1922	鉄道事業部門が分離独立し目黒蒲田電鉄を創立。鉄道事業に五島慶太が参加		
	1923	多摩川台地区（後の田園調布地域）の分譲を開始し、前年9月に分社化された目黒蒲田電鉄が、交通を担う。都市開発の一環として鉄道事業が位置付けられる		関東大震災（23）
	1927	東横線（渋谷−丸子多摩川間）開通		
	1928	分譲完了を機に、田園都市株式会社が目黒蒲田電鉄に吸収合併		
	1934	東横百貨店開店		
	1939	東京横浜電鉄合併		第二次世界大戦勃発（39）
1950年代	1953	五島慶太が城西南地区開発趣意書発表		テレビ放送開始（53）
	1954			土地区画整理法公布（54）
	1956	多摩川西南新都市計画マスタープラン発表		
	1959	「野川第一地区」に土地区画整理組合第一号設立		

1960年代			
1963	多摩田園都市と命名、田園都市線工事着手 たまプラーザ駅から美しが丘住宅街を形成する「元石川第一地区」に土地区画整理組合設立		
1964			東海道新幹線開通（64） オリンピック東京大会開催（64）
1965			第三京浜道路開通（65）
1966	溝の口～長津田駅間開通。たまプラーザ駅開業 都市の発展を拠点とネットワークの段階的発展ととらえ、これらを地域に投入することで周辺環境を刺激する「ペアシティ計画」を発表		
1967	こどもの国線開通		
1968			都市計画法改正公布（68）
1969	横浜市に緑区誕生		アポロ11号月面着陸（69）
1970年代			
1970		10万人超	大阪万国博覧会開催（70）
1972	住民と共に行う「東急グリーニング運動」開始		沖縄返還（72）
1973	「アミニティプラン多摩田園都市」を策定し、開発型から運営型コンセプトモデルへと転換。中でも、鷺沼、たまプラーザ、青葉台の3駅を重要拠点と位置づけ、駅を中心としたまちづくりを推進		オイルショック（73）
1976		20万人超	ロッキード事件（76）
1977	新玉川線開通		ダッカ日航機ハイジャック事件（77）
1979	田園都市線・新玉川線・半蔵門線の相互直通運転開始		

年代	年	東急多摩田園都市と東急電鉄の流れ	多摩田園都市人口の推移	社会一般
1980年代	1980		30万人超	
	1982	たまプラーザ東急ショッピングセンター開業		
	1984	田園都市線全線開通し、都市開発の基盤を整備		
	1987	東急ケーブルテレビジョン（現・TSCOM）開局	40万人超	国鉄分割民営化（87）
	1988	「良好な街づくりに貢献し多年にわたるその業績は評価に値する」として日本建築学会賞（業績賞）受賞 「多摩田園都市21プラン」を発表。住環境を守るために、道路や情報、サービス、景観などの基本要素を質と量の両面から見直すと同時に、文教・レクリエーションゾーンを設け「2軸都市構造」を提案		
	1989	都市緑化機構 緑の都市賞（内閣総理大臣賞）受賞「ランドスケープ・ミュージアム多摩田園都市」		ベルリンの壁崩壊（89）
1990年代	1991	「多摩田園都市二次開発」発表		
	1992			借地借家法（改正）施行（92）
	1993			インターネット商用利用の開始（93）
	1994	東急多摩田園都市まちづくり館開館／横浜市に青葉区・都筑区誕生		
	1995			阪神淡路大震災（95）
	1997		50万人超	

年代	年	出来事	人口	社会の出来事
2000年代	2000	「犬蔵地区」に土地区画整理組合を設立。自然に配慮した環境共生型まちづくりを志向		
	2001			アメリカ同時多発テロ（01）
	2003	「東急多摩田園都市における50年にわたる街づくりの実績」で日本都市計画学会賞・石川賞受賞 多摩田園都市開発50周年 田園都市線、半蔵門線、東武伊勢崎線・日光線の相互直通運転開始		
	2005	たまプラーザ駅周辺開発計画着工		
	2007	たまプラーザ駅周辺開発計画第一弾として、駅を中心とした大型複合モール「たまプラーザ　テラス　サウスプラザ」開業		郵政民営化（07）
2010年代	2010	「たまプラーザ　テラス」全館開業		
	2011		60万人超	東日本大震災（11）
	2012	横浜市と東急電鉄が「次世代郊外まちづくり」の推進に関する協定締結		
	2013	東横線と東京メトロ副都心線の相互直通運転開始		アベノミクス推進（13）
	2017	まちづくり推進のための活動拠点「ＷＩＳＥ　Ｌｉｖｉｎｇ　Ｌａｂ」開設、「次世代郊外まちづくり」の推進に関する協定更新	62万人	

■次世代郊外まちづくり年表

年	月	内容
2011	6	郊外住宅地とコミュニティのあり方研究会　発足
2012	4	「次世代郊外まちづくり」の推進に関する協定締結
	6	モデル地区の選定
	7	次世代郊外まちづくりキックオフフォーラム
	10	第1回　次世代郊外まちづくりワークショップ
		第2回　次世代郊外まちづくりワークショップ
	11	たまプラ大学　その1
		たまプラ大学　その2
		医療・介護連携の地域包括ケアシステム推進部会発足
	12	第3回　次世代郊外まちづくりワークショップ
		スマートコミュニティ推進部会発足
2013	1	次世代郊外まちづくりオープンワークショップ
		たまプラ大学　その3
		たまプラ大学　その4
	2	第4回　次世代郊外まちづくりワークショップ
		たまプラ大学　その5
		超小型モビリティ これからのモビリティ社会を先行体験 発表会

キックオフフォーラム

キックオフフォーラム

年	月	出来事
		たまプラ大学　その6
		たまプラ大学　その7
	3	第5回　次世代郊外まちづくりワークショップ
		たまプラ大学　その8
		「超小型モビリティのある暮らし」を考えるタウンミーティング
		暮らしと住まい再生部会発足
	6	「次世代郊外まちづくり基本構想2013」発表
	7	家庭の節電プロジェクト
	8	住民創発プロジェクト説明会
		フューチャーシティフォーラム　人にやさしいスマート・シティとは
	9	家庭のエコ診断
		住民創発プロジェクト　第1回講評会
	11	次世代郊外まちづくり　美中プラン　特別授業「シビックプライドについて」
		家庭の省エネプロジェクト
	12	こたつでトークセッション
2014	1	住民創発プロジェクト　第2回講評会
	3	次世代郊外まちづくり　シビックプライド　美中プラン　発表会

家庭の節電プロジェクト

住民創発プロジェクト講評会

年	月	内容
2014	3	住民創発プロジェクト　中間報告会
	4	第5回　たまプラーザ桜まつり　ブース出展
	6	家庭の省エネプロジェクト2014　シンポジウム
	7	次世代郊外まちづくりが第2回プラチナ大賞　審査委員特別賞受賞
		第31回たまプラーザ夏祭りブース出展「家庭の省エネプロジェクト2014」
	10	地域で高齢者を支える医療・介護の専門職のためのセミナー
		住民創発プロジェクト　活動報告会
		第1回　ラーニングカフェ　～超高齢化社会を迎える郊外の再生
		第1回　子ども・子育てタウンミーティング
		第2回　ラーニングカフェ　～部屋づくりからまちづくりへ
	11	第3回　ラーニングカフェ　～街全体でポジティブケア
		第4回　ラーニングカフェ　～これからの時代に必要な力
	12	第2回　子ども・子育てタウンミーティング
2015	1	美しが丘中学校連携　学習プログラム「職業インタビュー」
	2	第3回　子ども・子育てタウンミーティング
		第5回　ラーニングカフェ　～地域でつくるモビリティ
		第6回　ラーニングカフェ　～防災ガールが防災を当たり前の世の中に

	3	第7回　ラーニングカフェ　～公共空間のにぎわいづくり
		第8回　ラーニングカフェ　～これからの郊外・団地・コミュニティを考えよう
	4	第6回　たまプラーザ桜まつり　ブース出展
	7	第32回　たまプラーザ夏祭り　ブース出展
	8	第4回　子ども・子育てタウンミーティング
		次世代郊外まちづくりフォーラム
	10	第5回　子ども・子育てタウンミーティング
	12	第6回　子ども・子育てタウンミーティング
2016	1	美しが丘中学校2年生による「職場体験」
	2	第7回　子ども・子育てタウンミーティング
	3	次世代郊外まちづくり　シビックプライド　美中生が考える明日のわがまち
	4	第7回　たまプラーザ桜まつり　ブース出展
	5	第8回　子ども・子育てタウンミーティング
	7	第33回　たまプラーザ夏祭り　ブース出展
	8	第9回　子ども・子育てタウンミーティング
	11	第10回　子ども・子育てタウンミーティング
2017	1	「WISE　Living　Lab　さんかくBASE」オープニングトークイベント

年	月	
2017	2	「WISE Living Lab」共創スペースオープン
	3	健康まちづくりセミナー ～健康に天寿を全うするために
	4	「次世代郊外まちづくり」の推進に関する協定（更新）
		第8回 たまプラーザ桜まつり ブース出展
	6	WISE図書館～本のPOPをつくろう～
		健康まちづくりセミナー ～「認知症」とまちづくり
	7	「サポート企画」開始
		第34回 たまプラーザ夏祭り ブース出展
	9	第1回 リビングラボ勉強会 ～リビングラボを知ろう
		第11回 子ども・子育てタウンミーティング
	10	健康まちづくりセミナー ～「食事」とまちづくり
	11	健康まちづくりセミナー ～「運動」とまちづくり
	12	第12回 子ども・子育てタウンミーティング
		第1回 ファミリーリソースプロジェクト
2018	1	第2回 リビングラボ勉強会 ～リビングラボをやってみよう
		健康まちづくりセミナー ～「睡眠」とまちづくり
	2	第13回 子ども・子育てタウンミーティング

リビングラボ勉強会の様子

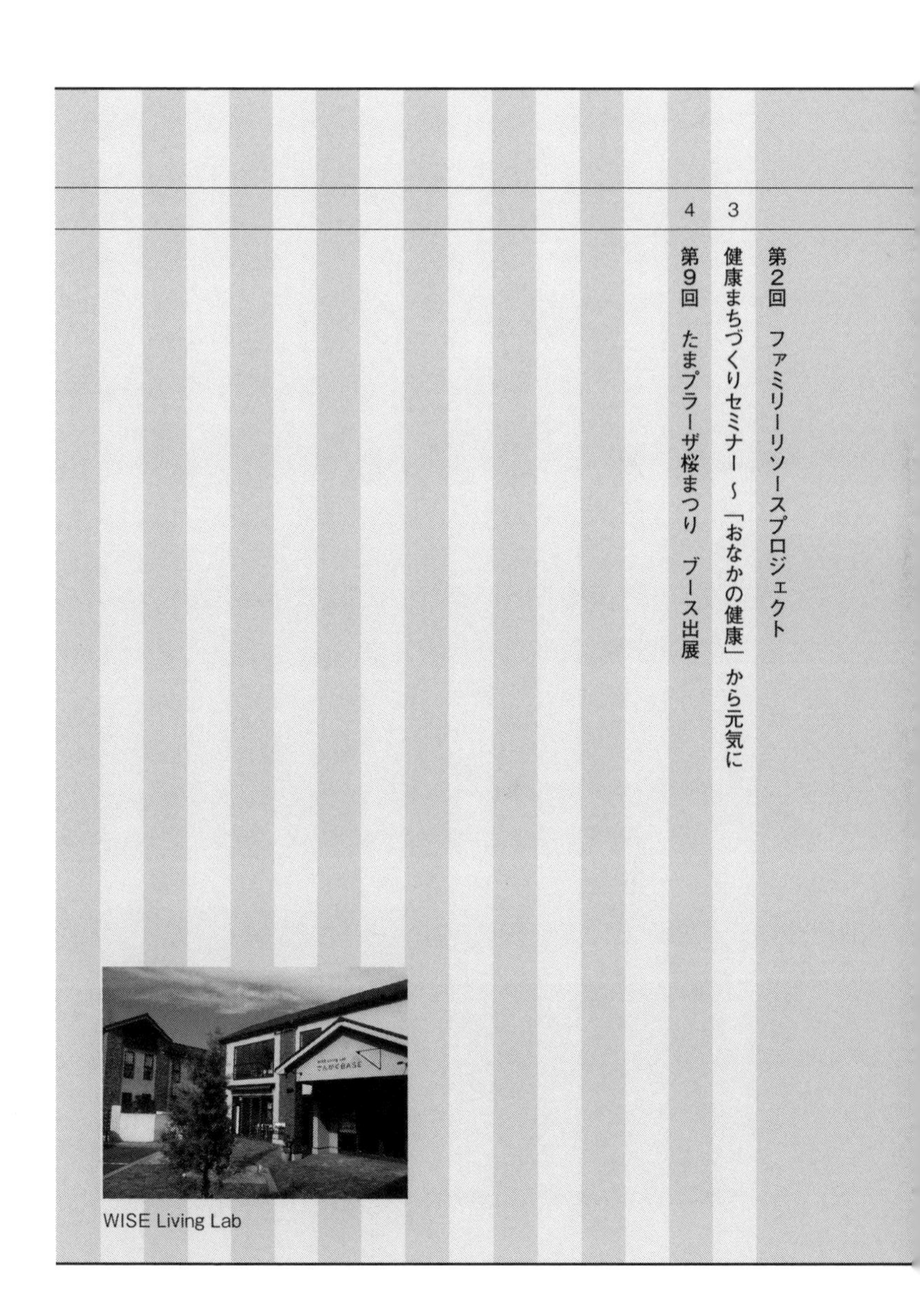

第2回　ファミリーリソースプロジェクト

3　健康まちづくりセミナー～「おなかの健康」から元気に

4　第9回　たまプラーザ桜まつり　ブース出展

WISE Living Lab

■おわりに

次世代郊外まちづくりは、東急電鉄や横浜市にとって初めての試みであるだけでなく、国内どこを見渡してもモデルケースとなる事例がなく、「横浜モデル」とも言われています。すべてが手探りで、もっとこうした方がいいのでは、違うアプローチができるのではないかと思うことは多いです。こうした正解のない次世代郊外まちづくりにかかわってくださった方々、とりわけモデル地区となった美しが丘の住民の皆様をはじめ、多くの関係者の方々のご協力をいただきながら共に歩んでこられたことを大変うれしく思います。その結果、次世代郊外まちづくりで得られた成果と教訓を活かしてほしいと神奈川県川崎市や東京都町田市など他の地域でも、行政から包括協定の声をかけていただいたり、行政やデベロッパー、さらには海外の公的機関から、多数の視察やヒアリングを受けるようになりました。

しかし、美しが丘で成功したことが、必ずしも他の地域で通用するとはいえません。なぜなら、そこに暮らしている人が違うからです。まちの主役は住民であり、思い描く最高のまちにしようと最新の設備を投じてインフラ整備を行っても、住民が「このまちに住んでよかった」と思えるまちにならなければ、魅力的なまちとは言えないのです。

当社にとって開発を担った地域は財産であるし、守っていくべき責務があります。企業が持続的にまちにかかわっていくには、どうしたらいいか、その模索はこれからも続きます。

２０１６年の夏から編集家でありプロジェクトエディターである紫牟田伸子さん、編集協力いただいた宣伝会議の浦野有代さん、ライターの吉川ゆこさん、読売広告社　都市生活研究所の伊﨑匡志さん、営業局の粟野昭博さん、河本梓紗さんらとミーティングを重ねながら、６年間の膨大な取り組みを辛抱強くヒアリングしていただき、客観的な見解をいただくことで、改めて次世代郊外まちづくりを整理することができました。

まちづくりに終わりはなく、次世代郊外まちづくりの取り組みは今後も続いていきます。10年、20年、30年後の美しが丘を、今よりももっといいまちにしていくために、これからも私たちは、住民の皆様と一緒に歩んでいきたいと思います。

最後に、ベストパートナーとなれた横浜市の林文子市長、建築局、都市整備局、温暖化対策統括本部の皆様、青葉区の小池恭一区長、区政推進課の皆様、美しが丘連合自治会、たまプラーザ中央商店街、たまプラーザ駅前通り商店会、たまプラーザ商店会の皆様、美しが丘中学校、美しが丘小学校、美しが丘東小学校の皆様、郊外住宅地とコミュニティのあり方研究会へご参加いただきました皆様、次世代郊外まちづくりの立ち上げ時からかかわっていただいた東京大学大学院・小泉秀樹

宣伝会議 の書籍

ふるさと納税と地域経営
髙松俊和 著
事業構想大学院大学ふるさと納税・地方創生研究会 編

過疎や高齢化による税収の減少が問題となる中、新たな解決策として注目を集める「ふるさと納税」。地方自治体の取材や膨大なデータを元に課題を洗い出し、いかに活用していくかを紐解いた一冊。

■本体1800円+税 ISBN978-4-88335-383-5

ふるさと納税の理論と実践
保田隆明・保井俊之 著
事業構想大学院大学ふるさと納税・地方創生研究会 編

世界でも類を見ない新制度である「ふるさと納税」。その確立に向けて、自治体、事業者ができることは何か。「ふるさと納税」で地方創生を実現していくために必要な理論と実践について、初めて解説。地方創生シリーズ『ふるさと納税と地域経営』の姉妹本。

■本体1800円+税 ISBN978-4-88335-387-3

事業の発想力［実践編］
事業構想大学院大学出版部 編

急激に変化する時代に、未来志向の新事業を創り出す！ 各界一線の事業家・有識者が語る起業・新規事業・イノベーションに必要な5つの「構想力」。

■本体1800円+税 ISBN978-4-88335-410-8

危機管理&メディア対応 新・ハンドブック
山口明雄

マスメディア×ソーシャルメディアの力がますます強まるこの時代に必要な、最新の危機管理広報とメディアトレーニングについてまとめた1冊。何か起こる前に対策を練っておくためのテキストにも、緊急時のマニュアルとしても活用できます。

■本体3000円+税 ISBN978-4-88335-418-4

次世代郊外まちづくり

郊外住宅地の新たな魅力を再構築する施策を産学公民連携で実現していくプロジェクト。東京急行電鉄株式会社と横浜市が2012年に締結した「『次世代郊外まちづくり』の推進に関する協定」に基づき、活動指針となる基本構想を策定し、モデル地区である「たまプラーザ駅北側地区」のコミュニティの醸成を推進している。
2017年には協定を更新し、活動拠点であるWISE Living Labも整備。さらに今後は他地域への展開も目指している。

次世代郊外まちづくりHP　http://jisedaikogai.jp/
WISE Living Lab HP　http://sankaku-base.style/

次世代郊外まちづくり
産学公民によるまちのデザイン

発行日　2018年4月10日　初版

著者……………………東京急行電鉄株式会社＋株式会社宣伝会議
編集協力……………紫牟田伸子、吉川ゆこ（文）
企画協力……………株式会社読売広告社

発行者………………東　彦弥
発行所………………株式会社宣伝会議
〒107-8550　東京都港区南青山3-11-13
TEL.03-3475-3010（代表）
https://www.sendenkaigi.com/

ブックデザイン……岡本健＋遠藤勇人（okamoto tsuyoshi+）
DTP…………………株式会社鷗来堂
表紙イラスト………阿部伸二（カレラ）
印刷・製本…………中央精版印刷株式会社

ISBN　978-4-88335-436-8